虚拟现实应用导论

——认知、技能与职业

主　编　何汉武　张　坡　陈友滨
副主编　蔡小娜　黎　少　张宇辰
　　　　朱　腾　吴烽云　马伊隆
　　　　谭永冰　刘小兰

北京理工大学出版社
BEIJING INSTITUTE OF TECHNOLOGY PRESS

内容提要

本书以虚拟现实专业导论课程为基础，融合职业教育特征，融入三全育人特性，针对传统虚拟现实技术理论深、操作难度高的特性，将复杂理论清晰化，强调认知与技能职业的统一。全书共分八章，分别介绍了虚拟现实的概念与特性、虚拟现实发展简史与行业现状、虚拟现实设备、虚拟现实+行业典型应用案例、虚拟现实应用开发职业岗位技能成长与进阶、虚拟现实应用开发职业岗位与就业需求、增强现实/混合现实技术以及虚拟现实前沿技术概述与认知等内容。

本书主要面向虚拟现实相关专业的学生，也可供虚拟现实应用入门者和爱好者学习和参考。

版权专有　侵权必究

图书在版编目（CIP）数据

虚拟现实应用导论：认知、技能与职业 / 何汉武，张坡，陈友滨主编. -- 北京：北京理工大学出版社，2024.7

ISBN 978-7-5763-3905-5

Ⅰ. ①虚… Ⅱ. ①何… ②张… ③陈… Ⅲ. ①虚拟现实-程序设计 Ⅳ. ①TP391.98

中国国家版本馆 CIP 数据核字（2024）第 089497 号

责任编辑：钟　博　　**文案编辑**：钟　博
责任校对：周瑞红　　**责任印制**：施胜娟

出版发行 / 北京理工大学出版社有限责任公司
社　　址 / 北京市丰台区四合庄路 6 号
邮　　编 / 100070
电　　话 /（010）68914026（教材售后服务热线）
　　　　　　（010）63726648（课件资源服务热线）
网　　址 / http：//www.bitpress.com.cn

版 印 次 / 2024 年 7 月第 1 版第 1 次印刷
印　　刷 / 河北盛世彩捷印刷有限公司
开　　本 / 787 mm×1092 mm　1/16
印　　张 / 11
字　　数 / 256 千字
定　　价 / 76.00 元

图书出现印装质量问题，请拨打售后服务热线，负责调换

前言

虚拟现实（Virtual Reality，VR）作为一个新兴的科技领域，正以前所未有的速度改变着我们的生产、生活方式。在此背景下，越来越多的企业开始关注和投入虚拟现实产业，国家和各级政府也加大对该产业的支持力度，并将虚拟现实技术应用作为推动数字经济发展的重要引擎。《中华人民共和国国民经济和社会发展第十四个五年规划和2035年远景目标纲要》将"虚拟现实和增强现实"列入数字经济重点产业。

目前，随着众多行业领域对虚拟现实技术应用需求的快速增长，虚拟现实行业已有一定规模的从业者，且对应各种岗位也有独立成熟的专业和技能要求。但是，虚拟现实目前存在以下问题：一是"虚拟现实工程师"作为新职业，其设置时间较短，职业规范与要求不甚清晰；二是虚拟现实软/硬件迭代较快，新技术和新应用不断出现，导致其标准体系不完善、不稳定；三是已有从业者更多结合部分技术赋能其原行业，未能系统化地掌握虚拟现实技术。以上问题导致初入行者与部分从业者存在行业认知不准确、技能掌握不全面、职业定位不清晰的情况。

职教先驱黄炎培先生曾说："职业教育应'使无业者有业，使有业者乐业'"。显然，职业教育中的虚拟现实应用技术专业也需要能厘清行业认知、锚定前沿方向、明确技能路径、强化职业能力的导论类教材，以帮助初学者更好地入门、帮助已经从业者更好地进步。这正是本书编撰的主旨所在。

本书进行了以下探索与尝试。

（1）强化认知，强调实践。习近平总书记强调："提高职业技能是促进中国制造和服务迈向中高端的重要基础。"针对传统导论类教材概念和理论较多导致初学者难以理解的情况，本书强化认知，弱化过于艰深的理论讲解。本书通过"认识虚拟现实——概念与特性""虚拟现实发展简史与行业现状""认识虚拟现实设备"等章构建认知体系，配套虚拟现实展示、专家讲学、工程师分享等数字资源强化学生认知；同时针对各章内容，设计"实践与展示模块"指导学生制作简易硬件，完成职业调研访谈等内容，使学生在做中学，在学中做，将认知与实践统一。

（2）聚焦新职业，服务就业。针对高职院校以就业为导向的办学理念，本书通过行业典型应用案例、职业与岗位展示、核心能力与获得路径等特色内容，为学生明确"能力－技能－岗位－职业－行业"的可行性成长路径。这实际上为学生的职业生涯规划、学习与成长规划、就业选择等提供了很好的指导，为大学生职业生涯规划课程的教学改革指明了新方向。

（3）校企共建，专技协同。本书的编写与资源制作由"校、企、行"协同完成。行业龙头上海曼恒数字技术股份有限公司提供了岗位、职位、就业需求分析，能力图谱等信息；多家公司的虚拟现实工程师录制了岗位访谈与心得分享。广东省级技术能手（虚拟现实工程技术项目）黎少老师，全国职业技能大赛"虚拟现实工程赛项"优胜奖获得者蔡小娜、陈友滨等人对核心章节进行了编写。

在这个技术快速发展、产业转型升级的年代，职业教育肩负着为社会培养高素质技术技能人才的重任，我们希望通过本书融合创新性的教学改革来激发更多年轻人对虚拟现实技术的兴趣，帮助并鼓励他们在这一充满挑战与机遇的新领域中积极探索，成长为推动新质生产力发展的中坚力量。

编写导论类教材是一项难度较高工作，编者团队在简与繁、技与理等方面的处理难免存在挂一漏万、详而过繁、略而过简之处，请读者批评指正。

编　者

目 录

第一章　认识虚拟现实——概念与特性 ... 1
  1.1　虚拟现实的概念与特性 ... 2
  1.2　虚拟现实"3I"特性的实现 ... 3
  1.3　虚拟现实与增强现实、混合现实技术辨析 ... 8

第二章　虚拟现实发展简史与行业现状 ... 10
  2.1　虚拟现实探索时期 ... 11
  2.2　虚拟现实萌芽时期 ... 17
  2.3　虚拟现实成型时期暨行业现状 ... 23
  2.4　虚拟现实国内发展与现状 ... 29

第三章　认识虚拟现实设备 ... 34
  3.1　冯·诺依曼体系结构组成 ... 35
  3.2　虚拟现实设备部件类型 ... 36
    3.2.1　虚拟现实输入设备 ... 36
    3.2.2　虚拟现实输出设备 ... 40
    3.2.3　虚拟现实设备处理器 ... 44
  3.3　典型虚拟现实设备 ... 45
    3.3.1　VR一体机 ... 46
    3.3.2　PCVR ... 49
    3.3.3　桌面式虚拟现实系统 ... 51

第四章　虚拟现实+行业典型应用案例 ... 54
  4.1　虚拟现实+教育培训典型应用案例 ... 55
    4.1.1　虚拟现实+知识学习的应用案例 ... 56
    4.1.2　虚拟现实+课堂教学的应用案例 ... 56
    4.1.3　虚拟现实+实验实训的应用案例 ... 56
    4.1.4　虚拟现实+技能培训的应用案例 ... 58
    4.1.5　虚拟现实+红色思政的应用案例 ... 59

4.2 虚拟现实+文娱综合典型应用案例 ················· 59
4.2.1 虚拟现实+文化创意的应用案例 ················· 60
4.2.2 虚拟现实+旅行旅游的应用案例 ················· 60
4.2.3 虚拟现实+演艺娱乐的应用案例 ················· 61
4.2.4 虚拟现实+电子游戏的应用案例 ················· 61
4.3 虚拟现实+体育健康典型应用案例 ················· 62
4.3.1 虚拟现实+手术引导的应用案例（一） ················· 62
4.3.2 虚拟现实+手术引导的应用案例（二） ················· 62
4.3.3 虚拟现实+康复训练的应用案例 ················· 64
4.3.4 虚拟现实+心理健康的应用案例 ················· 64
4.4 虚拟现实+智能制造典型应用案例 ················· 65
4.4.1 虚拟现实+生产线布局的应用案例 ················· 65
4.4.2 虚拟现实+工艺革新的应用案例 ················· 66
4.5 虚拟现实+智慧城市典型应用案例 ················· 66
4.5.1 虚拟现实+智慧交通的应用案例 ················· 67
4.5.2 虚拟现实+三维重建的应用案例 ················· 67
4.6 虚拟现实+特殊场景典型应用案例 ················· 68
4.6.1 虚拟现实+残障辅助的应用案例 ················· 68
4.6.2 虚拟现实+安全应急的应用案例 ················· 69

第五章 虚拟现实应用开发职业岗位技能成长与进阶 ················· 76
5.1 虚拟现实应用开发工作流程与职业能力 ················· 77
5.1.1 虚拟现实应用开发工作流程 ················· 77
5.1.2 虚拟现实应用职业岗位与职业能力 ················· 82
5.2 搭建虚拟现实系统 ················· 83
5.3 开发虚拟现实应用 ················· 85
5.4 设计虚拟现实内容 ················· 87
5.5 优化虚拟现实效果 ················· 93
5.6 管理虚拟现实项目 ················· 94

第六章 虚拟现实应用开发职业岗位与就业需求 ················· 99
6.1 虚拟现实运维类职业岗位 ················· 99
6.1.1 虚拟现实运维类岗位概述与职业能力图谱 ················· 99
6.1.2 虚拟现实运维类岗位核心能力及其获得路径 ················· 100
6.2 虚拟现实项管理类岗位 ················· 103
6.2.1 虚拟现实项管类岗位概述与职业能力图谱 ················· 103
6.2.2 虚拟现实项管类岗位核心能力及其获得路径 ················· 104
6.3 虚拟现实开发类岗位 ················· 107
6.3.1 虚拟现实开发类岗位概述与职业能力图谱 ················· 107

  6.3.2 虚拟现实开发类岗位核心能力及其获得路径 ……………………… 108
 6.4 虚拟现实建模类岗位 …………………………………………………………… 111
  6.4.1 虚拟现实建模类岗位概述与能力图谱 ………………………………… 111
  6.4.2 虚拟现实建模类岗位核心能力及其获得路径 ………………………… 113
 6.5 虚拟现实技美类岗位 …………………………………………………………… 116
  6.5.1 虚拟现实技美类岗位概述与能力图谱 ………………………………… 116
  6.5.2 虚拟现实技美类岗位核心能力及其获得路径 ………………………… 117
 6.6 虚拟现实其他类岗位 …………………………………………………………… 121
  6.6.1 虚拟现实UI设计岗位概述 ……………………………………………… 121
  6.6.2 虚拟现实拍摄制作岗位概述 …………………………………………… 122

第七章 认识增强现实/混合现实技术 …………………………………………… 126
 7.1 增强现实/混合现实概念辨析 ………………………………………………… 126
  7.1.1 增强现实/混合现实技术概述 …………………………………………… 126
  7.1.2 增强现实/混合现实技术特征 …………………………………………… 129
  7.1.3 增强现实/混合现实发展简史 …………………………………………… 130
 7.2 增强现实/混合现实技术发展 ………………………………………………… 131
  7.2.1 常见增强现实/混合现实设备 …………………………………………… 131
  7.2.2 增强现实/混合现实关键技术 …………………………………………… 135
  7.2.3 增强现实/混合现实技术的应用 ………………………………………… 143
 7.3 增强现实/混合现实技术展望 ………………………………………………… 147
  7.3.1 增强现实/混合现实技术发展瓶颈 ……………………………………… 147
  7.3.2 增强现实/混合现实技术未来发展趋势 ………………………………… 148

第八章 虚拟现实前沿技术概述与认知 …………………………………………… 151
 8.1 元宇宙 …………………………………………………………………………… 151
  8.1.1 元宇宙的起源与发展 …………………………………………………… 151
  8.1.2 元宇宙与虚拟现实 ……………………………………………………… 155
  8.1.3 元宇宙的关键技术和实现路径 ………………………………………… 156
 8.2 数字孪生 ………………………………………………………………………… 158
  8.2.1 数字孪生的起源与发展 ………………………………………………… 158
  8.2.2 数字孪生与虚拟现实 …………………………………………………… 161
  8.2.3 数字孪生的关键技术与实现 …………………………………………… 162
 8.3 虚拟数字人技术 ………………………………………………………………… 162
  8.3.1 虚拟数字人的起源与发展 ……………………………………………… 162
  8.3.2 虚拟数字人与虚拟现实 ………………………………………………… 165
  8.3.3 虚拟数字人的关键技术和实现路径 …………………………………… 165

第一章

认识虚拟现实——概念与特性

本章介绍以下几个问题。什么是虚拟现实?它有哪些特性?实现虚拟现实"3I"特性的逻辑、原理、过程是什么?随着新技术的发展,与虚拟现实相关的增强现实、混合现实乃至最新的空间计算等技术应该如何区分?

本章内容结构如图1-1所示。

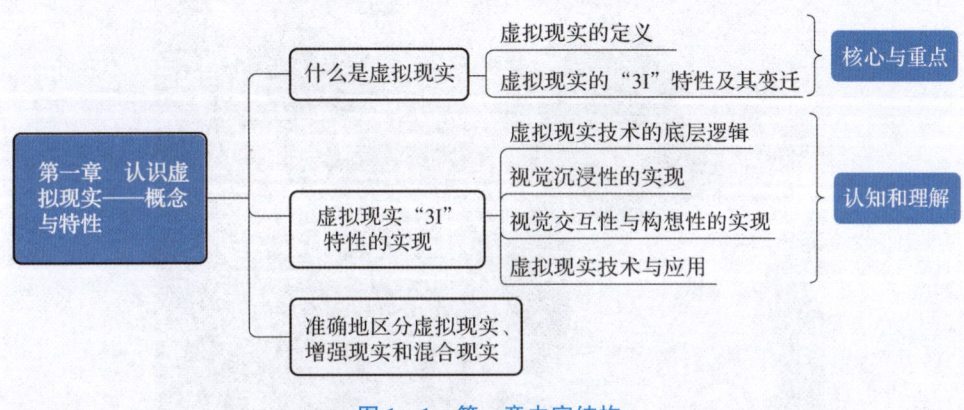

图1-1 第一章内容结构

【知识目标】

(1) 能够准确地认识虚拟现实技术及其"3I"特性。
(2) 了解虚拟现实"3I"特性实现的底层逻辑与方法。
(3) 能够准确地认知虚拟现实技术与其他相关技术的异同。

【能力目标】

(1) 能够清晰地向其他人解释什么是虚拟现实技术。
(2) 能够简明扼要地向其他人说明虚拟现实技术是如何实现的。

【素养目标】

认识是实践的基础,准确而全面地认知虚拟现实技术,为后续设计、学习、开发虚拟现实产品的实践做准备。

虚拟现实
课程导学

1.1 虚拟现实的概念与特性

虚拟现实概念与特性

虚拟现实（Virtual Reality，VR）是指通过各种计算机技术生成虚拟物品、环境或者世界，为用户提供视觉、听觉等多种感官刺激，使用户可以沉浸其中，并且用户能够对虚拟世界中的环境、物品、虚拟替身（Avatar）等进行操作、控制以及交互。

当前，VR体验店、VR眼镜等虚拟现实产品不断涌现，在教育、娱乐等各大领域都得到了广泛应用。如图1-2所示，某校学生正在使用虚拟现实设备进行"机械零件拆装"课程实训，学生可以通过带有传感器的电子设备、VR眼镜（图右上）或VR手柄（图右下）在三维（Three Dimensions，3D）环境中进行交互，从而获得良好的沉浸感体验。逼真的虚拟现实环境会调动人们的所有感官（味觉、听觉、视觉、嗅觉和触觉）。图1-3所示为学生在虚拟现实环境中看到的场景。

图1-2 学生使用VR手柄、VR眼镜进行课程实训

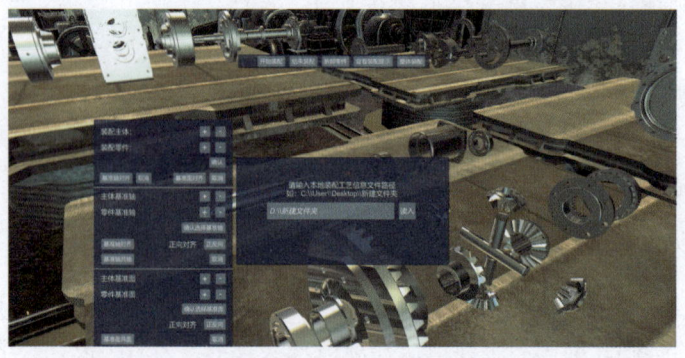

图1-3 学生在虚拟现实环境中看到的场景

Grigore C. Burdea与Philippe Coiffet在《虚拟现实技术》一书中提出了虚拟现实的"3I"特性：沉浸性（Immersion）、交互性（Interaction）和构想性（Imagination）。这三个特性是

虚拟现实区别于其他相关技术的显著特性。

（1）**沉浸性**，指虚拟现实系统能够使人产生身临其境的感觉，即虚拟现实技术能够让人沉浸其中的真实程度。沉浸性主要是通过视觉（立体、高清、高刷新率视觉技术）、听觉（立体声、空间音频技术）、触觉等多种感官体验的模拟来实现的。

（2）**交互性**，指虚拟现实系统使用者对虚拟现实环境中的物品进行操作以及得到反馈的自然程度，包括眼动识别、手部交互、触觉反馈等多种技术。

（3）**构想性**[①]，强调虚拟现实技术应具有广阔的可想象空间，可拓宽人类的认知范围，不仅可以再现真实存在的环境，还可以随意构想客观不存在的，甚至不可能发生的环境。

随着技术的发展，虚拟现实技术还增加了多感知性（Multi-Sensation）、自主性（Autonomy），但实际上多感知性能本质上是服务于沉浸性的一方面，而自主性则是强交互性（Strong-Interaction）的一种体现，因此本书依旧选择使用"3I"特性来描述虚拟现实技术。另外，随着万物互联的发展，赵沁平院士认为，新的虚拟现实技术应该变为5IE的模式，如图1-4所示，即沉浸性、交互性、构想性、智能性（Intelligentization）、互通性（Interconnection）和演变性（Evolutionary），以及多感知性、自主性。这直接反映了虚拟现实技术日新月异的变化，以及其契合时代发展的特点。

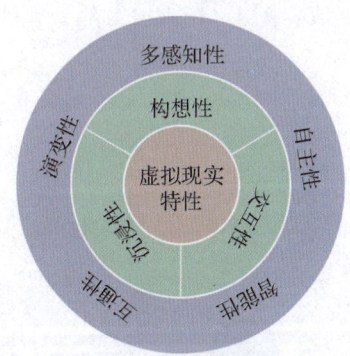

图1-4 虚拟现实技术的核心特性与扩展

总而言之，"3I"特性即虚拟现实技术与其他相似技术（如3D电影）的重要区分点，也是虚拟现实技术的发展方向。例如，为了更好地实现音频的沉浸性，虚拟现实技术从单声道→立体声→空间音频不断发展；为了更好地实现交互性，虚拟现实技术从控制杆→手柄→数据手套→皮肤手套不断变迁，因此，深入理解虚拟现实的"3I"特性可以为后续的学习与开发奠定良好的基础。

1.2 虚拟现实"3I"特性的实现

人对世界的认知过程是：各种器官收集信息，大脑通过各种器官收集的信息，综合决策出人处于何种环境。因此，虚拟现实设备也是通过分析眼睛、耳朵等感官的工作机理，以各种技术对人感知到的信息进行模拟，进而欺骗对应器官，最终影响大脑的判断与决策，实现"以假乱真"的效果。这是虚拟现实技术的底层逻辑，如图1-5所示。

VR视差与原理

---

① 构想性在《虚拟现实技术》一书中被描述为："It also has applications that involve solutions to real problems in engineering, medicine, the military, etc. These applications are designed by virtual reality developers. The extent to which an application is able to solve a particular problem, that is, the extent to which a simulation perform swell, depends there for every much on the human imagination." 此部分翻译为"自主性或者创造性，强调的是为解决问题而在虚拟现实中进行主动的重构、想象与创造"。

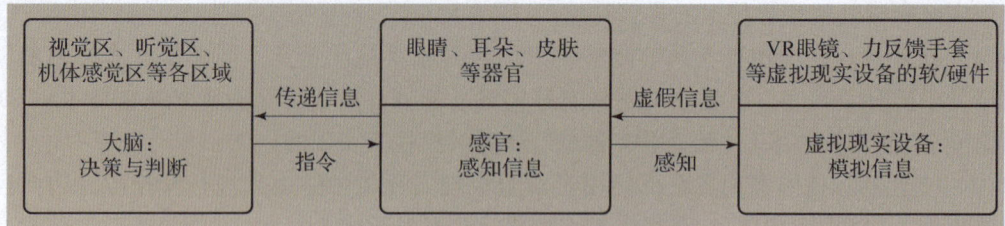

图1-5 虚拟现实技术的底层逻辑

当前的虚拟现实设备都遵循上述底层逻辑,而围绕不同的感知器官就有对应的感知模拟设备生成,图1-6所示为部分虚拟现实设备模拟感知信息的手段。

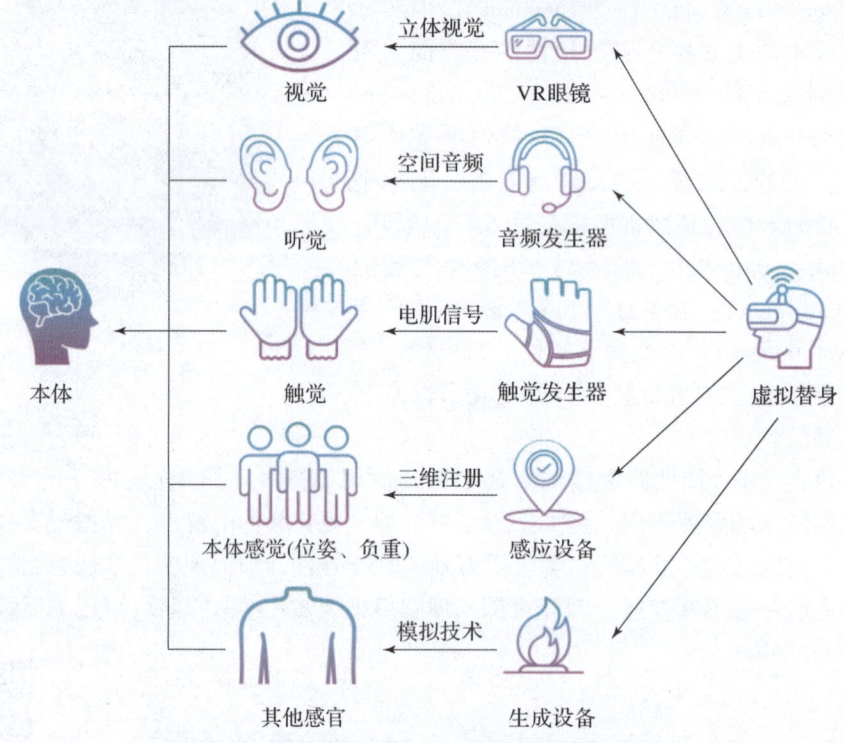

图1-6 部分虚拟现实设备模拟感知信息的手段

在诸多感官中,视觉系统是人类最重要的感觉通路,大约80%的外界信息是经过视觉神经进入大脑的,现以立体视觉和沉浸显示为例,讲解VR电影如何实现沉浸效果,并且在此基础上如何提高交互性和构想性完成虚拟现实产品。

图1-7所示是一张VR眼镜照片,该照片展现了许多信息,包括VR的材质、光影等,称之为真实感,但是无论照片多么高清,人们却没有立体的感觉,人们知道它存在于照片所在的平面,这是为什么呢?

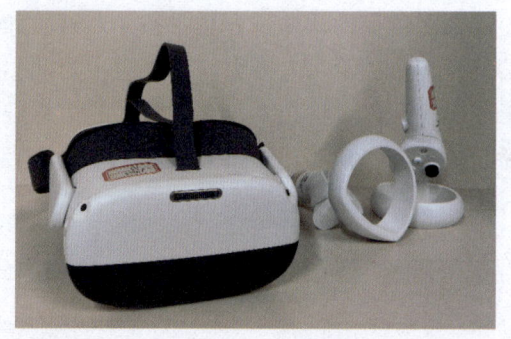

图1-7 VR眼镜照片

第一章 认识虚拟现实——概念与特性

这是因为在眼睛看到物体的过程中，是左、右眼在一瞬间各看到一张图片，由于瞳间距离、眼睛可视角度等原因，这两张图片并不是完全相同的，这种现象被称为视差，而大脑通过视差来判断眼睛看到物体的是立体的（有深度变化）还是平面的。

最常见的视差见表1-1。

表1-1 最常见的视差

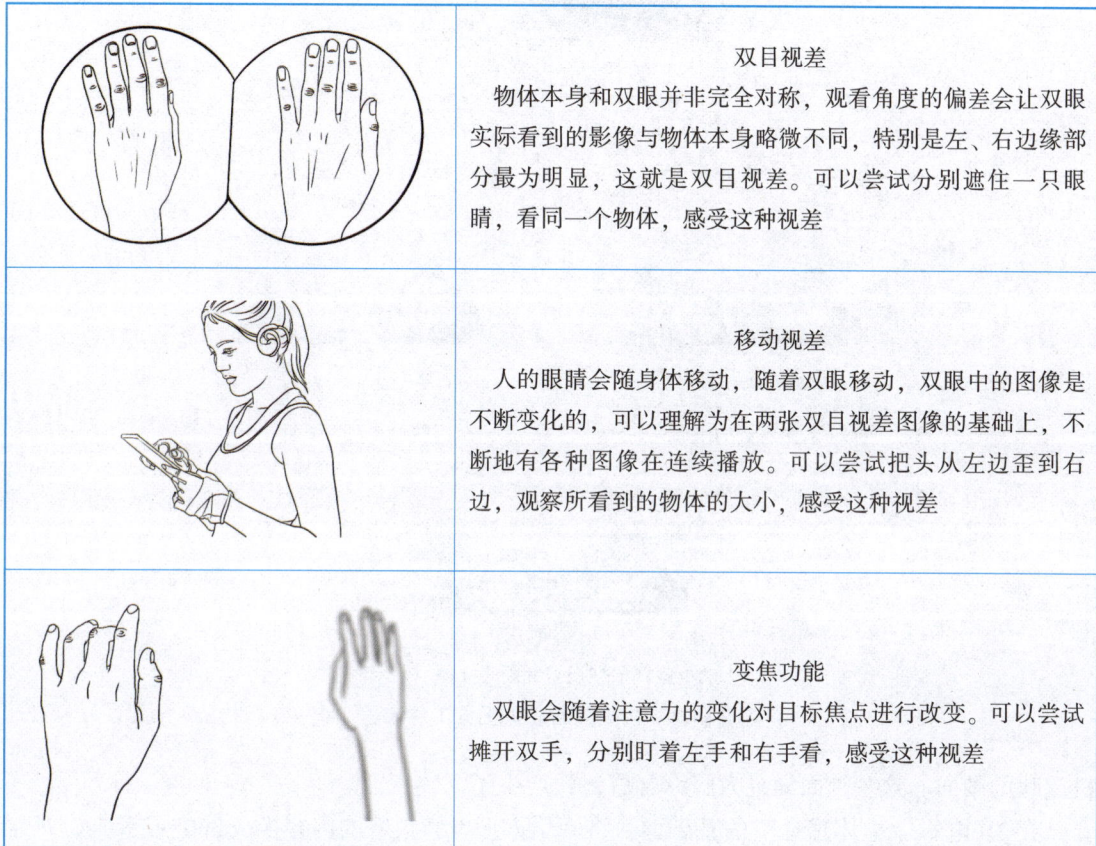

	双目视差 物体本身和双眼并非完全对称，观看角度的偏差会让双眼实际看到的影像与物体本身略微不同，特别是左、右边缘部分最为明显，这就是双目视差。可以尝试分别遮住一只眼睛，看同一个物体，感受这种视差
	移动视差 人的眼睛会随身体移动，随着双眼移动，双眼中的图像是不断变化的，可以理解为在两张双目视差图像的基础上，不断地有各种图像在连续播放。可以尝试把头从左边歪到右边，观察所看到的物体的大小，感受这种视差
	变焦功能 双眼会随着注意力的变化对目标焦点进行改变。可以尝试摊开双手，分别盯着左手和右手看，感受这种视差

简而言之，双眼要看到一组（两张）符合视差的图像，大脑才能判断这个物体是立体的。实际上，大脑判断立体视觉工作流程如图1-8所示。

因此，为了实现立体视觉效果，需要向双眼分别输送高清、连续、符合视差要求的图像，而连续的图像会形成视频流，这样就变成了3D视频影音。

这是3D电影的基础原理（不戴3D眼镜观看3D电影时所看到的也是像图1-8中最后一张图一样有叠影），也是VR眼镜立体显示的关键。

拍摄3D电影时，将两台摄影机架在一具可调角度的特制云台上，并以符合人眼观看的角度来拍摄。两台摄影机的同步性非常重要，因为哪怕是几十分之一秒的误差都会让左、右眼感觉不协调，因此必须打板，这样在剪辑时才能找到同步点。放映3D电影时，两台放映机以一定方式放置，并将两个画面点对点完全一致、同步地投射在同一个银幕上。观影者所戴的3D眼镜，实际上是偏振片，左眼只能看到左放映机放映的画面，右眼只能看到右放映

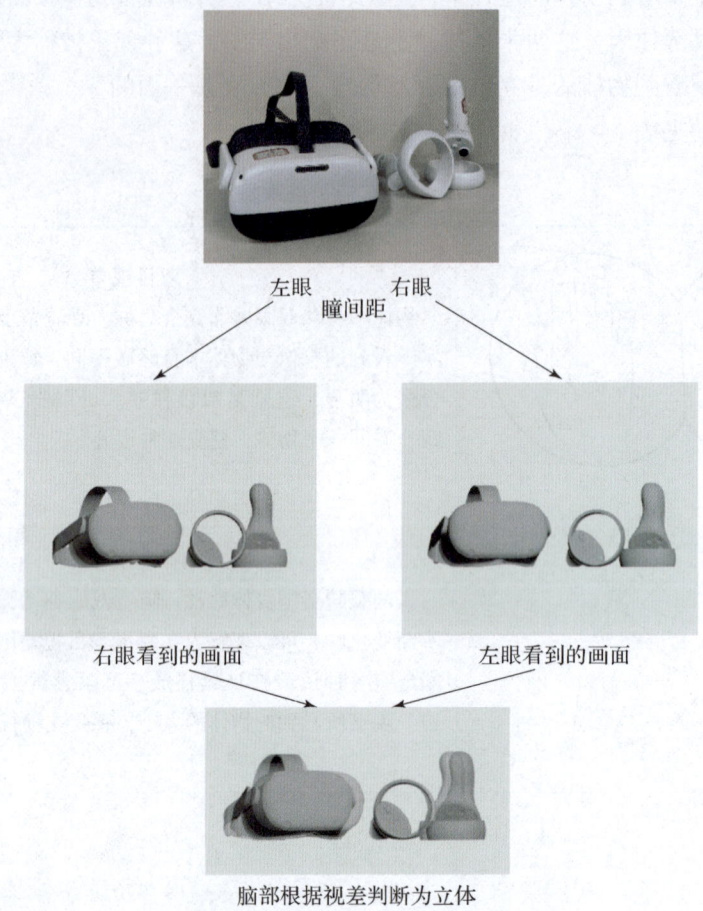

图1-8 大脑判断立体视觉工作流程

机放映的画面。这些画面经过大脑综合后，就产生了立体视觉。

在3D电影"立体感觉"的基础上，将一块方形电影银幕的内容换成360°或者720°环绕拼接全景视频，就形成了3D全景电影，再使用VR眼镜（如菲涅尔透镜）替换廉价的3D眼镜（偏振镜），就形成了可以切换角度自由观看的VR电影。

当然，VR电影其实不能完全满足虚拟现实产品的交互性和构想性，但VR眼镜所展示的不是提前录制好的电影，而是基于用户的反馈和交互实时生成的内容，它根据当下用户的动作、位姿、操作，使用实时渲染的影像、空间音频进行反馈，这就形成了最终的虚拟现实产品。

如图1-9所示，虚拟现实前沿技术的研究，就是从硬件、算法、解决方案等多种角度，探索沉浸性、交互性、构想性更好的虚拟现实内容的实现方法，最终实现"以假乱真"的效果。虚拟现实技术应用是基于虚拟现实前沿技术形成的软、硬件，从行业与用户的需求出发，形成具体的虚拟现实产品，如VR教学产品、VR游戏、VR影音等，充分发挥虚拟现实的"3I"特性，为行业解决受时间、空间、实体等限制的问题，虚实结合，以虚助实（详见第六章"虚拟现实+行业典型应用案例"）。

	2年内	2~5年内	5~10年内	10年以上	关键发展趋势
近眼显示	屏幕：OLEDos/Fast-LCD 光学：自由曲面、超薄VR	屏幕：可变焦显示、MicroLED 光学：注视点光学	光学：衍射光波导	光学：全息显示、智能隐形眼镜	光学系统需尽可能增大终端设备视场角，显示屏幕需不断提升分辨率、刷新率并降低功耗
渲染处理	渲染1.0、云渲染	注视点渲染 深度学习渲染 混合云渲染		光场渲染	渲染处理方案需寻求渲染画质、速度、成本、带宽等多目标规划最优解
感知交互	手势追踪 由内向外/由外向内追踪定位	眼球追踪 虚拟追踪 沉浸声场	肌电反应 虚拟气味 触觉反馈	实时路径追踪	感知交互需让虚拟现实用户聚焦交互活动本身，而忘记交互手段的存在，追求最大程度的自然化、情景化和智能化
网络传输	5G	下一代蜂窝通信 自动化运维 边缘计算、端网协同	智能化运维		网络传输需实现无卡顿、无花屏、黑边面积小、高低轻画质切换无感知等用户体验

图 1－9　虚拟现实前沿技术与方向（中国信息通信研究院）

1.3 虚拟现实与增强现实、混合现实技术辨析

在虚拟现实技术的发展过程中，有另外两种技术也随之产生，既增强现实技术（Augmented Reality，AR）与混合现实技术（Mixed Reality，MR）。那么，虚拟现实与这两种技术有什么异同？

VR 与 AR 区分展示

（1）增强现实：通过计算机技术生成虚拟内容与真实世界叠加，使用户进行交互与感知的技术。叠加的感官信息可以是建设性的［即对自然环境的补充，如图 1-10（a）所示团队教师对陶陶居包装进行二次开发］，也可以是破坏性的［即掩盖自然环境，如图 1-10（b）所示对机器人工作环境的遮蔽］。这种虚拟世界与物理世界无缝交织的过程被视为真实环境的一种扩展。

（a） （b）

图 1-10 增强现实技术对环境的建设与破坏性的叠加

（a）对自然环境的补充；（b）掩盖自然环境

（2）混合现实：指在纯现实环境与纯虚拟环境之间的所有虚实混合区间。1994 年，人们首次提出了混合现实的概念，如图 1-11 所示，显然当时混合现实的概念涵盖了增强现实与虚拟现实。但是，随着技术的不断发展与革新，目前具体商业场景中的混合现实技术已经产生了演变，强调一种高于增强现实的虚实信息的无缝衔接。

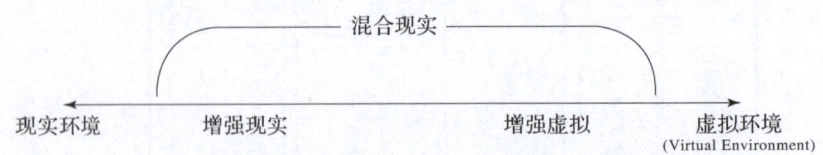

图 1-11 早期混合现实概念逻辑图

从技术角度出发，部分研究人员会通过三维注册技术叠加的图像是叠加于空间，还是叠加于硬件，来区分混合现实与增强现实。增强现实生成的模式是附着在硬件设备的前面，并未与空间深度绑定，而混合现实生成的模型通过 SLAM 等技术依附于空间中［详见本书第七章混合现实设备如图 1-12（b）所示］，但实际上二者的区分界限不是十分明显。部分专家认为此类技术是大公司的宣传策略，本质上二者并无区别，在 2023 年面世的 Apple Vision Pro 也宣称自己是空间计算设备，而非增强现实或者虚拟现实设备［图 1-12（b）］。

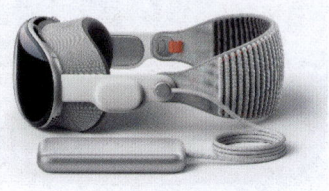

（a） （b）

图 1-12　混合现实设备与空间计算设备

(a) 微软 HoloLens（混合现实设备）；(b) 苹果 Vision Pro（空间计算设备）

总而言之，用户在虚拟现实环境中看到的是纯虚拟的内容，虚拟现实技术更加强调全虚拟的过程，以虚拟实，进而达到一种以假乱真的效果，而增强现实/混合现实技术更加强调虚拟信息与实体的叠加、交互，虚实结合，提高用户对现实世界的扩展，使用户能够同时与现实虚拟物体进行交互。有兴趣的读者可以参考本书第七章节，进行深入研究。

【思考与巩固】

虚拟现实的"3I"特性是其本质特征，也是用来区分虚拟现实和其他技术的根本特征，尝试基于"3I"特性分析 3D 电影和 VR 电影有哪些区别，这些区别对应的是哪些特性的不足。

【实践与展示】

（1）以小组为单位，对本章中出现或者涉及的名词进行解释，同时在网上搜索案例并为班级中的其他同学进行讲解，让班级中的其他同学能够直观地明白这些名词。具体有以下名词：虚拟现实、增强现实、裸眼 3D、常见视差。

（2）以小组为单位，收集虚拟现实对声音处理的技术变迁，即"单声道→立体声→空间音频"的技术路径，尝试在课堂上为班级中的其他同学讲解。

（3）收集同学们体验过的虚拟现实项目，包括资源内容、设备（如 VR 眼镜、手机等），分析其与虚拟现实特性相符的方面和待优化的方面，并在课堂上与同学分享交流。

第二章

虚拟现实发展简史与行业现状

科学研究具有继承性和发展性，任何一项新技术的出现都不是一蹴而就的，技术发展与历史紧密结合，具有时代特色。只有从历史观的角度了解虚拟现实的发展，才能对其现状与未来发展有更深刻的见解。

为了方便理解，本章对虚拟现实的发展进行归纳与整理，将其发展分为三个时期——探索时期、萌芽时期、成型时期（暨行业现状），而它在国内的发展分为初步发展、产业现状两个部分进行介绍。本章按照总—分的结构，对虚拟现实在每个时期的典型特征与意义进行了概括总结，并对其中的关键内容进行了详细说明，在此基础上介绍了虚拟现实行业的发展现状。

本章内容结构如图2–1所示。

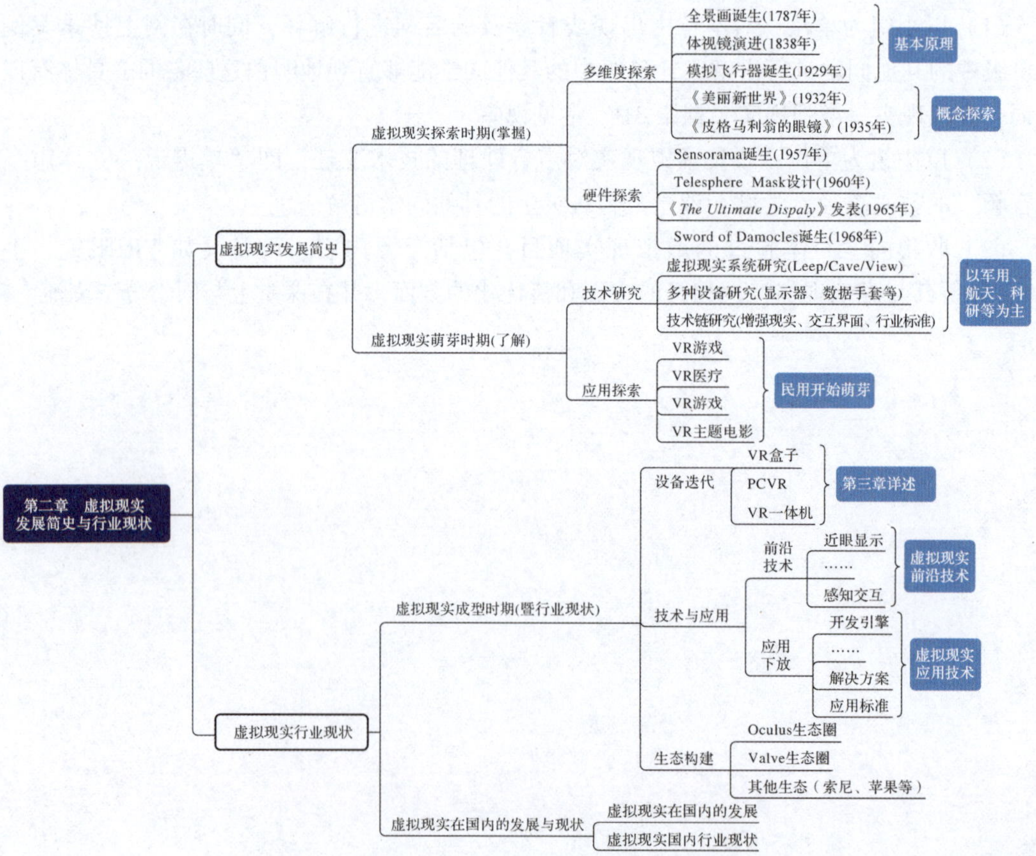

图2–1　第二章内容结构

10

第二章　虚拟现实发展简史与行业现状

【知识目标】

（1）了解虚拟现实发展简史，熟悉关键技术节点、代表性设备的出现过程。

（2）充分了解虚拟现实行业现状，了解虚拟现实最新的产业、就业现状。

【能力目标】

（1）能够基于虚拟现实发展简史，提高虚拟现实行业、虚拟现实技术历史资料的阅读能力。

（2）能够基于对虚拟现实行业的了解，提高对虚拟现实行业发展和未来趋势的判断能力。

【素养目标】

（1）树立对科学发展观的科学认知，理解"虚拟现实与其他信息技术的创新性与继承性"。

（2）提高职业素养，关注"虚拟现实先行者与践行者的精神与美德"。

VR发展史导学

2.1　虚拟现实探索时期

虚拟现实探索时期（古代至20世纪60年代末）是指人们从概念、立体视觉、互动装置多方面进行探索，到3个典型初代虚拟现实设备出现的这一时期。虚拟现实探索时期的典型特征是科学家基于人类认知习惯进行多维度的探索，最终形成了具有虚拟现实属性的典型设备。这类设备受时代局限，仅有少量样机出产，但是这些在懵懂中演进的虚拟现实技术与理念不断积累，为后续演进打下了坚实的基础。

正如 Steven Johnson 在 Wonderland：How Play Made the Modern World（《仙境：游戏如何造就现代世界》）中所说："那些19世纪奇观（全景画、体视镜）也许并未消失，只是陷入了百年的沉睡，人们习惯从电影、游戏这些现存媒介的角度来理解虚拟现实，但以史为鉴，我们也许能从19世纪魔术师营造的沉浸式体验中获得更多启发。"

虚拟现实探索时期典型事件见表2-1。

表2-1　虚拟现实探索时期典型事件

时期	阶段	典型事件	特征
探索时期	多维探索	全景画诞生（1787年） 体视镜演进（1838年） 模拟飞行器诞生（1929年） 《美丽新世界》（1932年） 《皮格马利翁的眼镜》（1935年）	从人类的习性出发，在视觉、概念、交互等方面进行自发、多维、懵懂的探索

续表

时期	阶段	典型事件	特征
探索时期	硬件雏形	Sensorama 诞生（1957 年） Telesphere Mask 设计（1960 年） *The Ultimate Dispaly* 发表（1965 年） Sword of Damocles 诞生（1968 年）	尝试将多种技术结合，形成具有虚拟现实本质的硬件设备雏形

1. 多维度探索

在沉浸性的视觉探索方面，1787 年，爱尔兰人罗伯特·巴克（Robert Barker）通过围绕一个固定点旋转一系列画框，把风景的每一寸都画下来，然后把它们拼接起来作为一幅延续的画。同时，为了整体呈现自然景象，他设计并申请了发明装置。这种全景画环绕于人的周围，布满人的 360°的视野，并且在画面之前搭建与主题相关的模型，在灯光、声音、模型的共同作用下，为观众提供身临其境的真实且特殊的感受，如图 2-2 所示。

图 2-2 罗伯特·巴克全景图展馆的纵截面（大英博物馆）

在立体视觉的探索方面，1838 年，英国物理学家查尔斯·惠特斯通尝试复现人眼如何实现立体视觉效果。他认为，人的双眼具有瞳间距，因此左眼与右眼看到的图像略有不同，这种差异称为"视差"。双眼看到的物体在视网膜中成像后经过大脑处理，最终形成了立体视觉，这种现象称为"双目视差"。因此，如果左、右眼分别看到经过处理的符合双目视差的图像，人也会产生看到立体物体的错觉。

在此研究的基础上，查尔斯·惠特斯通发明了体视镜，用来观察立体图像，如图 2-3 所示。给双眼分明投影不同的画面，如果某一刻人眼观察到的两个画面能形成一个立体的物体/场景，那就可以证明双眼视觉差能产生深度提示。他在装置的两侧分别放置事先画好的带有水平视差的图片（图中 C 和 D），然后通过成一定角度的镜面（图中 A 和 B）反射投影到眼镜（图中 E 和 F）上，人通过眼镜观察即可看到 3D 效果。查尔斯·惠特斯通当时设计的图形也是些非常简单的几何图形。值得一提的是，此时 C、D 两个面的图案依旧是由艺术家手绘完成的，但是这项视觉原理的探索成果随着媒体设备的不断更新依旧在各个行业被广泛应用，例如医学生所用的显微体视镜、观看 3D 电影院所用的 3D 眼镜等。

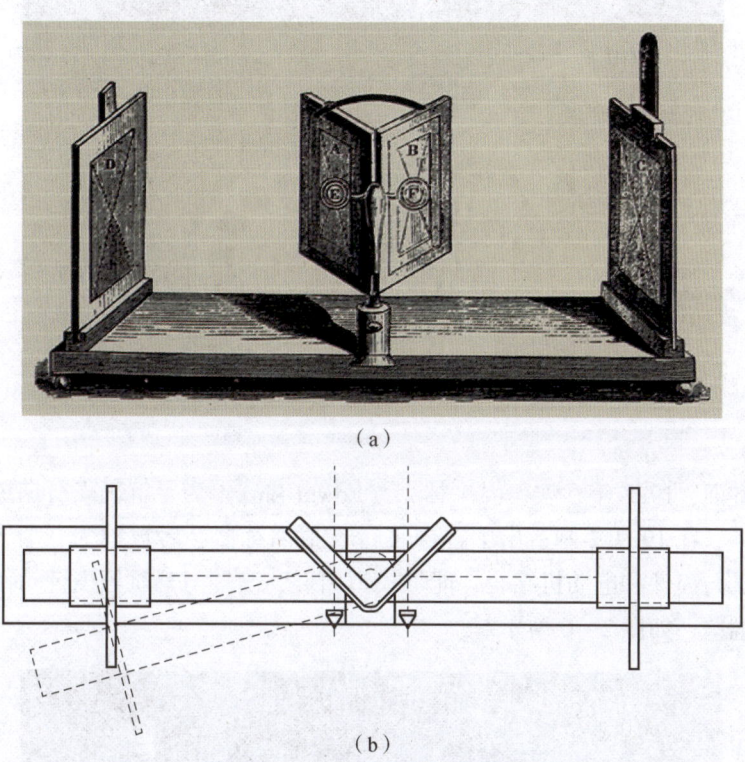

图 2-3　查尔斯·惠特斯通的体视镜及其实现原理
(a) 体视镜；(b) 体视镜的实现原理

随后，1849 年，苏格兰的戴维·布鲁斯特（David Brewester）改进了体视镜，使用棱镜等光学设备，将体视镜缩小到一个便携的盒子里，并在 1851 年万国博览会上进行展览，如图 2-4 所示。之后在 1860 年，老奥利弗·温德尔·霍姆斯使用两个透镜与一个木架，完成了更加便携的"美国体视镜"。1939 年，威廉·格鲁伯（William Gruber）发明了 View-

图 2-4　戴维发明的手持立体镜（1849 年）

master 立体相机，这款相机最早旨在作为风景明信片的替代品，最初在摄影店、文具店和风景名胜礼品店出售，后续开始加入黏土、动画人物等。图 2-5 所示是一个胶木的 View-master，它有 14 个图片位置，对称位置的图片供左、右眼各观察一张图片，共形成 7 张立体图。

图 2-5　一个胶木的 View-master 及其附属配件（1939 年）

在交互性方面，1928 年，埃德温·林克（Edwin Link）为了解决飞行训练课程昂贵的问题，历时一年半，在 1929 年制造出了首台飞行模拟训练器，后被称为"林克机"。这台机器将机身复制品与控件和电动机结合，能够模拟俯仰、滚转与偏航等飞行动作，从而帮助飞行员进行模拟训练，如图 2-6 所示。

图 2-6　埃德温·林克与"林克机"

在概念设想方面，1932 年，英国著名作家 Aldous Huxley 在《美丽新世界》中描述了在机械文明的未来社会，借助"头戴式设备为观众提供图像、气味、声音等一系列感官体验，让观众能够更好地沉浸在电影世界中"。虽然书中并未为此款设备命名，但是以今天的角度来看，这就是一款虚拟现实设备的概念原型。

1935 年，美国科幻小说作家斯坦利·G. 温鲍姆（Stanley G. Weinbaum）在其作品《皮格马利翁的眼镜》中设想了这样的眼镜：带上这副眼镜，就能够体验到包括视觉、嗅觉在内的，以全息护目镜为基础的虚拟世界，这是历史上首次从真正意义上探讨虚拟现实概念的科幻作品，如图2-7所示。

图2-7 科幻小说《皮格马利翁的眼镜》

2. 硬件的雏形

1）Sensorama——多感知立体电影的前身

1957年，摩登·海里戈（Morton Heilig）设计了一台称为"Sensorama"的3D模拟器，该设备外形是一个电话亭，内部有立体影像处理、风扇、移动椅等装置，使用者观影时将头部伸进设备内部，在三面显示器形成的半封闭环幕中形成空间感，其他设备带来气味、振动、立体声等效果，形成一种多感官的交互效果。图2-8所示为Sensorama照片与设计原稿。

（a）

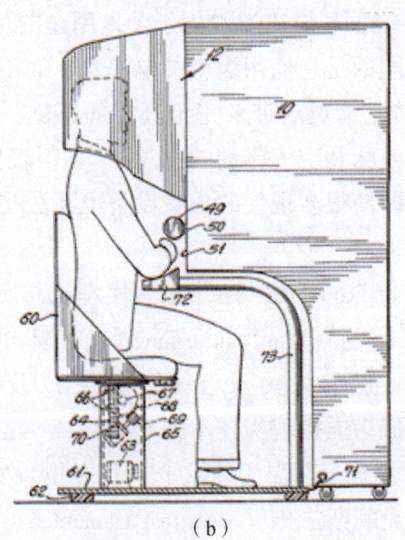
（b）

图2-8 Sensorama照片与设计原稿

（a）Sensorama照片；（b）Sensorama设计原稿

同时，摩登·海里戈预见此类发明将被用于训练军队、工人和学生，他说："现今，不遭受特定场景存在的风险，就让个人身体得到良好训练，这种训练方式的需求越来越大。""如果学生能真正体验一个场景或观点，他会学得更快更好，也会拥有更多快乐和激情。用这样的方式学习，学生会将知识掌握得更加牢固。"这些思想至今依旧颇具指导意义。

2）Telesphere Mask——首款 VR 眼镜

1960 年，摩登·海里戈发明了人类历史上首款 VR 眼镜 Telesphere Mask，如图 2-9 所示。

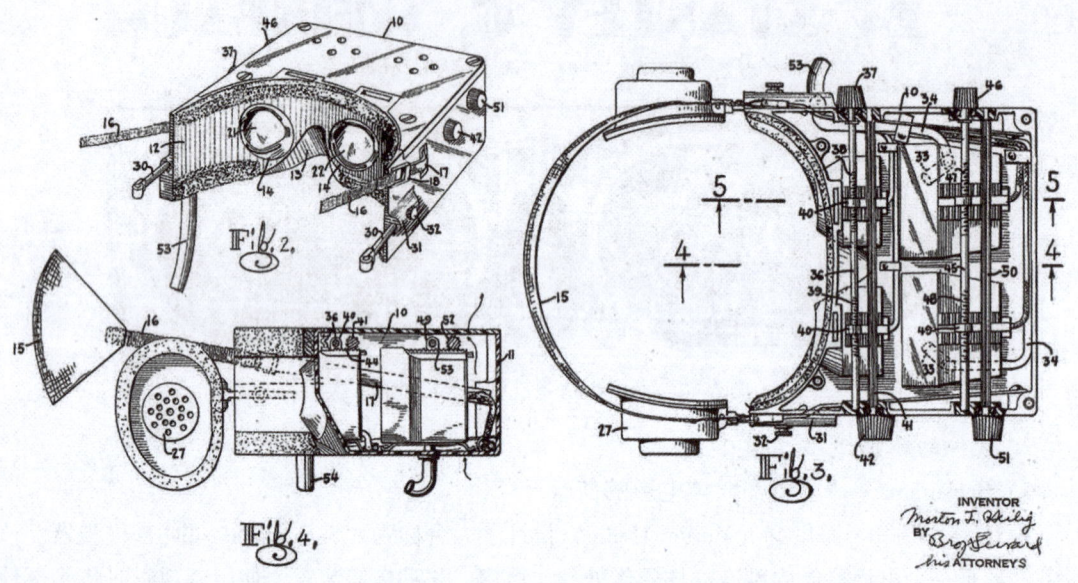

图 2-9 Telesphere Mask 设计原稿

Telesphere Mask 看起来非常现代，几乎可以看作早期的 Gear VR。摩登·海里戈在申请中将 Telesphere Mask 描述为"用于个人用途的可伸缩电视设备"，实际上它和 3D 视频头戴设备一样，不同的是它使用缩小的电视管，而不是连接到智能手机或计算机。专利文件这么描述该发明："它给观众带来完全真实的感觉，比如移动彩色三维图像、沉浸其中的视角、立体的声音、气味和空气流动的感觉。"它很轻便，耳朵和眼部的固定装置可以调整，戴在头上很方便，即使很多现代的头戴设备也无法与之相比，而它诞生于一个彩色电视机尚未出现的时代。

3）Sword of Damocles——虚拟现实理论与实践的结合

伊凡·萨瑟兰（Ivan Sutherland），计算机图像图形学之父，他的代表作之一 *The Ultimate Dispaly* 全面讨论了交互图形显示、力反馈设备以及声音提示的虚拟现实系统的基本设想，此文也成为虚拟现实技术的开端。

1968 年，伊凡·萨瑟兰开发了一套虚拟现实系统，如图 2-10 所示，这套虚拟现实系统被称为达摩克利斯之剑（Sword of Damocles），这是因为该系统过于沉重，只能通过连杆与天花板相连，将显示设备悬挂在用户头上。在交互方面，这套系统使用光学透镜作为显示器，配备有一个机械式追踪仪、一个超声波追踪仪。在视觉沉浸方面，该系统将两个小屏幕组合到一起，形成三维视觉效果，而且其使用的屏幕是半透明的，因此兼具虚拟现实与增强现实效果。伊凡·萨瑟兰在理论与硬件方面均对虚拟现实做了系统化的研究，因此被称为"虚拟现实之父"。

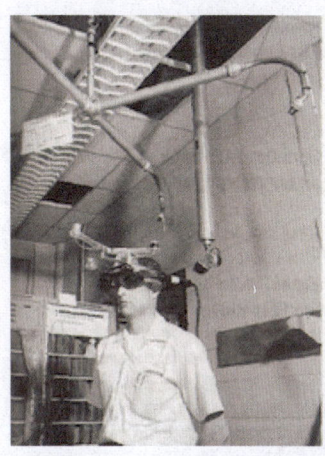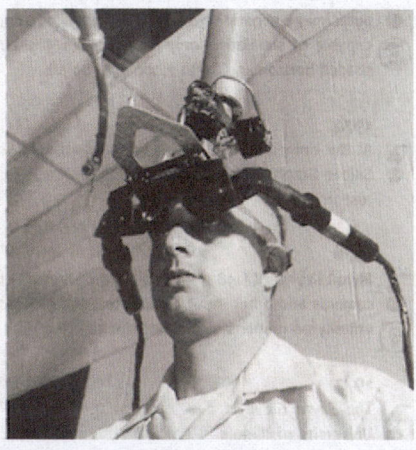

图 2-10　伊凡. 萨瑟兰在使用 Sword of Damocles

尽管 Sword of Damocles 粗糙的成像与笨重的外表使其并未广泛推广，但其与现代的 VR 眼镜并无本质区别，它的出现实现了虚拟现实的几个核心要素。

（1）立体显示：原型使用了两个 1 英寸[①]的 CRT 显示器分别显示不同视角的图像，进而创造立体视觉。

（2）虚拟画面生成：视频中的立方体是通过实时计算渲染出来的。

（3）头部位置跟踪：原型使用了两种方式对头部位置进行跟踪——机械连杆和超声波检测，共使用了 3 个超声波发生器和 4 个超声波接收器来跟踪头部运动。

（4）虚拟环境互动：利用双手操作的手柄实现了人机互动。

（5）通过坐标生成模型：虽然当时显示的只是简单的立方体，仅有 8 个顶点，但该立方体的确是通过空间坐标建立的模型。

虽然 Telesphere Mask、Sword of Damocles 等设备的出现对虚拟现实技术的发展具有里程碑式的意义，但是在计算机性能偏弱（1954 年 IBM 公司才开始研发晶体管计算机，增加浮点数运算）、显示设备相对落后（1954 年才出现了第一台彩色电视机）、交互程度偏低（1968 年刚刚诞生了第一个鼠标雏形）的情况下，这些远超于时代的理念与思路在当时显得格格不入，虚拟现实在此后很长一段时间沉寂下来。

2.2　虚拟现实萌芽时期

虚拟现实萌芽时期（20 世纪 70 年代—21 世纪初）指人们开始对虚拟现实或者支撑虚拟现实的计算机技术（如集成电路、显示电子元器件）进行研究、迭代、升级，并且在后

---

① 1 英寸 = 0.025 4 米。

期催生出一系列面向大众的典型应用的时期。这一时期的特征是人们有目的地对虚拟现实技术进行研究，软/硬件成本逐渐降低，前期以航天、航空等试验为主，后期开始探索虚拟现实技术民用的落地场景，部分设备开始量产，但是受到科技条件的限制，这些设备主要在极客、爱好者以及专业人群中逐渐推广。尽管如此，这些探索明确了虚拟现实的多种应用方向、落地方式，并且促进了大量以虚拟现实技术为代表的电影、小说的出现，为后续进入虚拟现实大规模落地奠定了应用范例与思想基础。

为了方便理解，本节按照此时期的技术研究与应用研究两个方面进行讲解，但是技术研究与应用研究是相辅相成的，技术研究注重运用科学解释世界，应用研究注重运用研究成果积极改变世界，请读者不要割裂地看待。同时部分属于计算机、电子通信等方面的研究虽未罗列到此节，但这些研究也是促进虚拟现实发展的重要基石。

虚拟现实萌芽时期典型事件见表2-2。

表2-2 虚拟现实萌芽时期典型事件

时期	方面	典型事件
萌芽时期	技术研究	Artificial Reality 概念提出（1969年） Videoplace 实验室成立（1974年） 阿斯彭电影地图项目创建（1978年） LEEP 系统诞生（1978年） 军用游戏《空战》（*DogFlight*）诞生（1983年） NASA&YPL 研究了 VR 显示器、数据手套 VIEW 系统（20世纪80年代中期） Furness 提出 Virtual Crew Station 概念（1986年） Robinett 与合作者提出新型虚拟三维可视化系统（1986年） James D. Foley 发表《先进计算界面》（1987年） "Virtual Reality" 正式作为行业标准命名被使用（1990年）
	应用研究	世嘉公司计划推出 VR 游戏与对应设备（1991年） Brett Leonard 拍摄的《割草者》上映（1992年） 元宇宙概念小说《雪崩》出版（1992年） 波音777完成全程计算机辅助设计与虚拟装配（1993年） 第一个商用虚拟现实设备 Forte VFX-1 推出（1995年） 任天堂推出 Virtual Boy（1995年） 第一届虚拟现实技术博览会在线上举行（1996年） 第一个虚拟现实环球网在英国投入运行（1996年） 虚拟现实技术被用于治疗战后老兵的 PTSD 症状（1997年） 《黑客帝国》上映（1999年）

1. 技术的演进

1969年，迈伦·克鲁格（Myron Krueger）提出了 Artificial Reality（人工现实）的概念，并完成了包括 Metaplay（类似协同交互）、Physics Space（类似物理空间）等一系列试验，这些技术支撑计算机生成的环境与人的行为产生交互。同时 Artificial Reality 在虚拟现实概念正式提出前很长一段时间被视为虚拟现实的代称。

1974 年，迈伦·克鲁格建立了 Videoplace 实验室，旨在让用户在不借助任何外部设备的情况下与虚拟环境交互。该系统还允许位于不同地方的用户在虚拟环境中进行通信。用户面对投影屏幕，通过摄像机拍摄用户的轮廓，与计算机生成的图形进行融合，然后投影至屏幕上，通过传感器捕捉和识别用户的身体姿态，可以在屏幕上显示爬山、游泳等情境，如图 2-11 所示。1985 年，迈伦·克鲁格将一系列研究整理，发表了著名论文 Videoplace—an Artificial Reality。

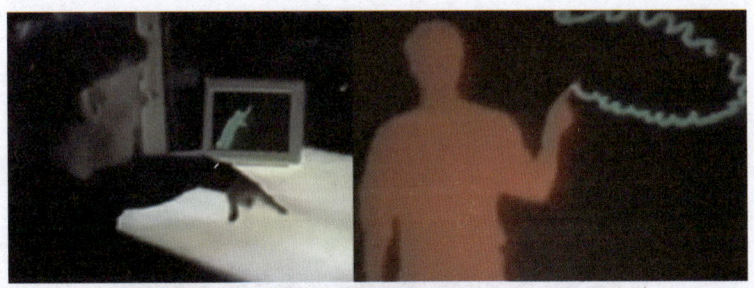

图 2-11　迈伦·克鲁格在展示他的试验成果

1978 年，麻省理工学院创建了阿斯彭电影地图（Aspen Movie Map）项目，该项目预先采集阿斯彭城市每个季节各条街道的图片，经过计算机处理后，为用户提供 3 种虚拟交互模式：夏季、冬季和 3D。如图 2-12 所示，用户能够足不出户地浏览阿斯彭特定环境下的城市街景。同年，麻省理工学院的电气工程师 Eric Howlett 发明了一种超大视角的立体镜成像系统，该系统被发明者称为 LEEP 系统，即 The Large Expanse, Extra Perspective（大跨度、超视角）。

图 2-12　阿斯彭电影地图的使用

1983 年，美国国防部（United States Department of Defense）制定了广域网仿真技术研究计划，随后美国硅图（SGI）公司开发了网络虚拟现实游戏《空战》，这也是第一款 VR 游戏。

1984年，美国国家航空航天局（NASA）Ames研究中心虚拟行星探测实验室的M. McGreevy和J. Humphries博士组织开发了用于火星探测的虚拟世界视觉显示器，将火星探测器发回的数据输入计算机，为地面研究人员构造了火星表面的三维虚拟世界。

1985年，NASA的斯科特·费舍尔（Scott Fisher）研发了数据手套（Data Glove）。数据手套是一种轻柔的、可穿戴的手套装置，可以测量手掌的弯曲程度、关节的动作以及手指的分合等，通过计算机编程能够操控数据手套实现特定的功能。数据手套是最理想的虚拟现实外设之一，与之原理类似的还有数据衣，同时NASA还完善了Thomas Furness Ⅲ带有六自由度跟踪定位的头戴式显示器（HMD），其效果如图2-13所示。

图2-13　早期NASA虚拟现实设备体验影像

1986年，3D立体显示器被研发出来，在此基础上，斯科特·费舍尔与NASA集成了一系列技术，研发了第一套基于头盔和数据手套的虚拟现实系统虚拟交互环境工作站（Virtual Interactive Environment Workstation，VIEW）。这是第一款相对完整的虚拟现实系统，不仅能够通过头戴设备进行沉浸式的体验，还可以通过外部设备进行场景交互，被应用到科学数据可视化、空间技术等领域①。

1986年，虚拟现实研究成果硕果累累。汤姆·弗内斯（Tom Furness）提出了虚拟工作台（Virtual Crew Station）的革命性概念，他提出了一种基于多传感器的交互显示环境，用户可在虚拟环境中自由漫游，并和其中的事物进行交互，这是早期虚拟漫游与可视化的技术原型。同年Robinett与合作者发表了虚拟现实系统方面的论文 The Virtual Environment Display System。Jesse Eichenlaub提出了一种新型三维可视化系统，其目标是即使在观察者不适用立体眼镜、头部跟踪系统、头盔等辅助设备的情况下，也可以实现具有同样效果的3D虚拟世界。

1987年，詹姆斯·弗莱（James D. Foley）在《科学美国人》（Scientific American）杂志上发表了一篇名为"先进计算界面"（Interfaces for Advanced Computing）的文章，讨论了下一代超级计算机在支持人工现实和人机交互方面的重要作用。同年，VPL（Visual Programming Languages）Research的创始人杰伦·拉尼尔（Jaeon Lanier）正式提出"Virtual

---

①　此处涉及NASA的成果与时间的表述在学界存在些许争议，该争议来源于两点：一是关键技术研发、成型一般存在跨年情况，二是部分项目存在一定的保密性要求。这些技术在NASA官网表述为mid-1980s。本书以部分代表性论文与NASA官网信息作为参考。

Reality"一词①,并在 1990 年的虚拟现实大会上将该词正式作为虚拟现实技术的统称。

2. 应用的探索

虚拟现实萌芽时期前期,NASA 以及 VPL 在进行探索的同时,也研发了一系列应用设备,如 Vcass 航空器,但是这些设备以军事与太空探索领域为主,相对较为小众,保密程度较高,并未影响生活。另外,部分设备极其昂贵,如 DateGlove(9 000 美元)、Eyephone(19 400 美元)等,也未能真正销往市场。此阶段之后,虚拟现实技术开始下放,部分厂家开始进行一系列商业性质的应用场景的探索。

在游戏方面,1991 年,世嘉(SEGA)公司发行了世嘉虚拟现实街机游戏和世嘉设备驱动器,配备液晶显示屏幕、立体耳机和惯性传感器的等,但由于技术缺陷,这些设备被永远停留在原型阶段,之后 Virtuality Group 推出一系列街机游戏与设备。

1995 年,Forte Technologies Incorporated 公司发布了 Forte VFX-1,它被认为是世界上第一个商用头戴式显示器。该设备利用计算机辅助设备的优势,支持射击类游戏《突袭》(*Descent*)和《毁灭战士》(*DOOM*),如图 2-14 所示。这是人们首次尝试将虚拟现实硬件与内容结合起来构成一体化平台。

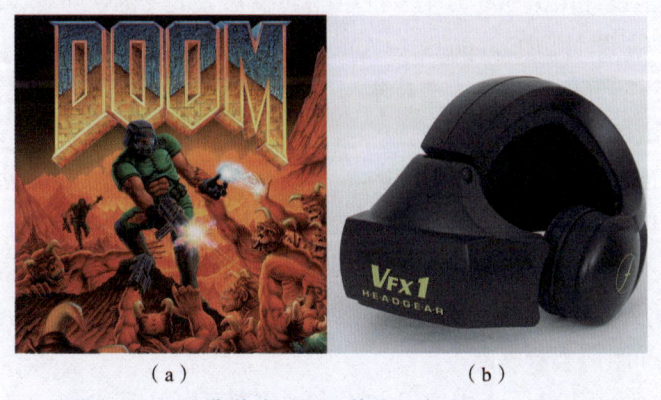

(a)　　　　　　　　(b)

图 2-14　经典游戏《毁灭战士》与 Forte VFX-1

(a)《毁灭战士》;(b) Forte VFX-1

值得一提的是,微软公司为了提高 Windows 装机量,由微软公司的加布·纽维尔(Gabe Newell)与《毁灭战士》的开发者——传奇程序员约翰·卡马克(John Carmack)对接,加布·纽维尔以此为契机开始游戏研发,成立了 Valve Software 公司,该公司解决了虚拟现实硬件延迟问题。其旗下 Steam VR 是最大的虚拟现实应用发布平台。约翰·卡马克则在 2012 年左右,在 Oculus Rift 的诞生过程中为开发者提供了免费的技术支持与硬件迭代,并且此设备的硬件加内容一体化思路在后续发展中也影响了许多企业。从某种意义上说,Forte VFX-1 与《毁灭战士》的合作以另外一种方式影响着虚拟现实技术的发展。

1995 年下半年,任天堂公司发布了虚拟现实游戏机 Virtual Boy,如图 2-15 所示。Virtual Boy 被认为是第一款能够显示 3D 图像的游戏机。Virtual Boy 配备一个能够显示 3D 图

---

① Jaeon Lanier 初次提出虚拟现实概念、正式提出虚拟现实概念、以及虚拟现实概念被正式统一为标准时间不同,因此普遍认为 Jaeon Lanier 提出"Virtual Reality"名称的时间为 20 世纪 80 年代中期。

像的视频头戴显示器,通过视差的方式使人产生一种十分真实的深度幻觉,该设备还配备了一个控制器用于玩家与虚拟环境的交互。任天堂公司承诺该设备能够进行多人游戏,但是由于多种原因,多人游戏一直没有发布。后来,该设备因为定价过高、3D 效果不够优秀、便携性差等原因被任天堂公司下架。

图 2-15　任天堂公司的虚拟现实游戏机 Virtual Boy

在培训与仿真方面,1993—1994 年,波音公司在一个由数百台工作站组成的虚拟世界中,用虚拟现实技术设计出由 300 万个零件组成的波音 777 飞机。同时,该过程中还提出了著名的计算机辅助设计(Computer - Aided Three - dimensional Interactive Application,CATIA)以及虚拟团队等概念。在这些技术与概念的加持下,波音 777 成为首款没有制造原型机就开始量产的大型客机。

在文旅传播方面,1996 年 10 月 31 日,世界上第一场虚拟现实技术博览会在伦敦开幕。全世界的人们都可以通过 Internet 坐在家中参观这个没有场地、没有工作人员、没有真实展品的博览会。该博览会是由英国虚拟现实技术公司和英国《每日电讯》电子版联合举办的。人们在 Internet 上输入博览会的网址,即可进入展厅和会场等地浏览。展厅内有大量的展台,人们可从不同角度和距离观看展品。

1996 年 12 月,世界上第一个虚拟现实环球网在英国投入运行。Internet 用户可以在由一个立体虚拟现实世界组成的网络中遨游,身临其境地欣赏各地风光、参观博览会和到大学课堂听讲座等。输入英国超景公司的网址之后,显示器上将出现"超级城市"的立体图像。用户可从"市中心"出发进行一系列虚拟漫游,参观虚拟超级市场、游艺室、图书馆和大学等场所。

在医疗方面,1997 年,佐治亚理工学院和埃默里大学合作使用虚拟现实技术治疗退伍军人的创伤后应激障碍(PTSD)。这仍然是今天 PTSO 治疗和研究的一个重要方面。这种技术被称为 Virtual Reality Exposure Therapy(VRET)。其本质上是使用暴露治疗的方式对 PTSD 进行治疗,其暴露场景由虚拟现实技术进行模拟与控制,以使医生能够最大限度地控制整个治疗过程。这种技术目前被广泛用于治疗幽闭空间恐惧症、特定动物恐惧症、恐高症以及社交恐惧症等。

在文化传播方面,虚拟现实技术的发展促进相关科幻小说的创作,以虚拟现实技术为故事背景或者内容的作品不断涌现,另外,这些作品中的想象与构思也给科学家带来启发,指引科学的发展方向。图 2-16 所示为具有代表性的虚拟现实相关作品。1992 年,Brett

Leonard 拍摄的《割草者》(*The Lawnmower Man*) 讲述了虚拟现实技术得到广泛应用，而除草者 Joe 具有先天智力缺陷，通过虚拟现实环境重返世界，并且逐步恢复智力，但试验中的问题造成一系列冲突。这部电影引起了大众对虚拟现实的讨论，并促进了以街机游戏为代表的虚拟现实设备的短期繁荣。同年，Neal Stephenson 发表了虚拟现实小说《雪崩》，引起了虚拟现实文化创作的小浪潮，同时《雪崩》也被认为是元宇宙概念的起源。

(a)

(b)

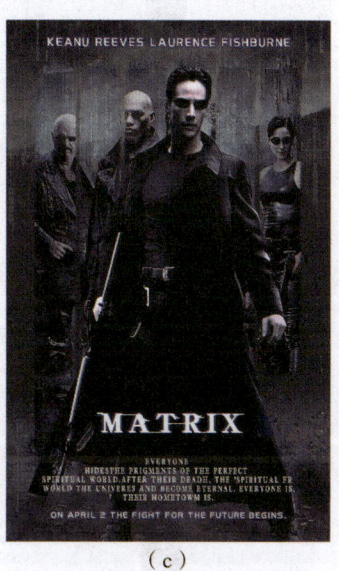
(c)

图 2-16 具有代表性的虚拟现实相关作品
(a)《割草者》；(b)《雪崩》；(c)《黑客帝国》

1999 年，电影《黑客帝国》(*The Matrix*) 上映，此作品将虚拟现实、脑机接口、人工智能、子弹时间等概念或者技术进行了展示，同时对人与机器人、人工智能未来发展等科技伦理、科技哲学进行探讨，引发了人们对科技发展与风险的反思。

2.3 虚拟现实成型时期暨行业现状

在虚拟现实成型时期（21 世纪初至今），随着计算机技术的飞速发展，虚拟现实技术的软件和硬件成本大幅降低，使基于大型数据的声音和图像实时动画制作成为可能，极大地推动了虚拟现实技术在各行各业的应用。同时，随着科技的发展，人民群众开始对更高端的视听交互产生了需求。产业、资本与政策也开始聚焦虚拟现实行业，虚拟现实行业开始逐渐成形。

如图 2-17 所示，这个时期的特点是产业链各环节的改善形成飞轮效应，虚拟现实整个产业链的共同作用带来了用户体验的本质提升。虚拟现实硬件设备快速迭代，开始大规模地进入民用领域。虚拟现实前沿研究与应用开发逐渐分级，开发者门槛大幅降低。内容制作与内容分发面向不同领域。头部虚拟现实企业开始尝试构建硬件、软件、渠道、内容为一体的虚拟现实生态圈。

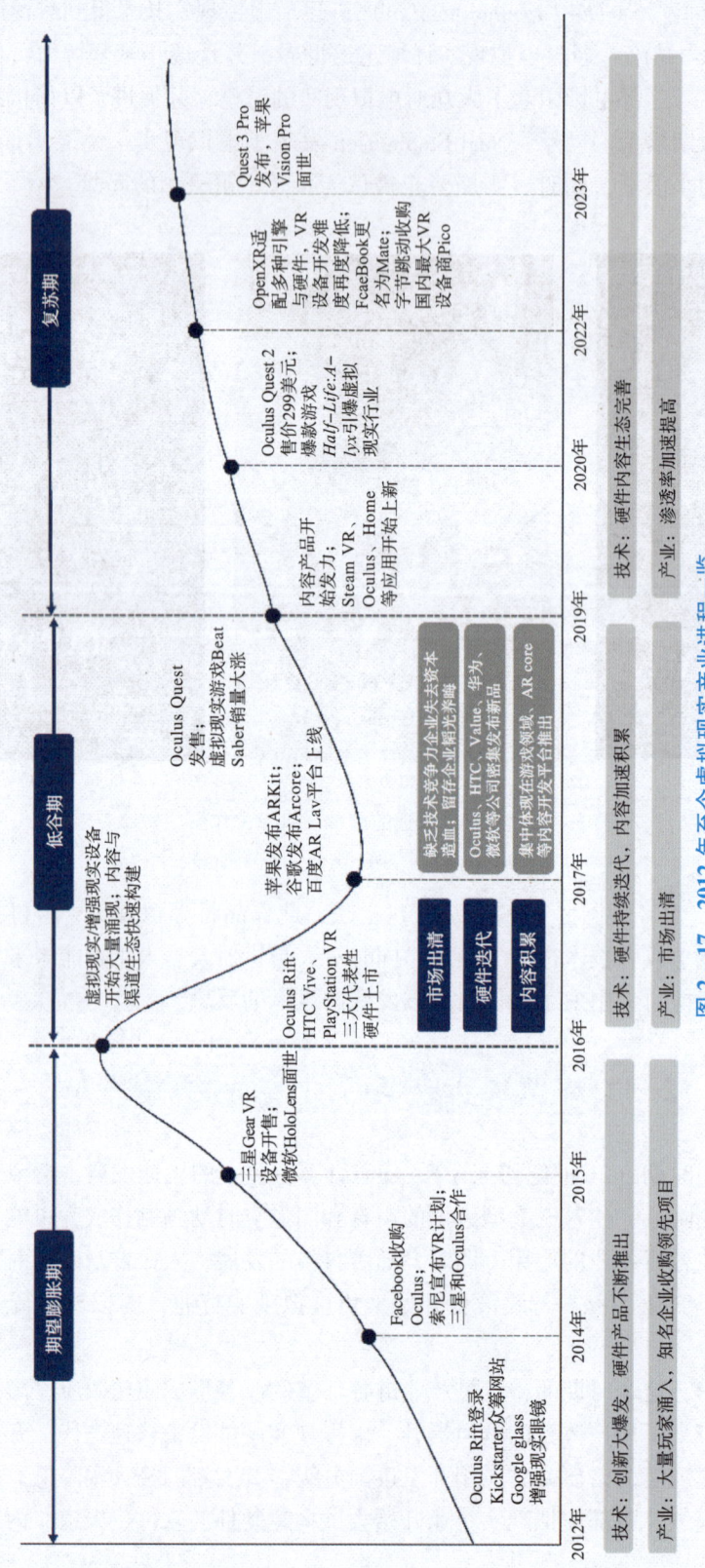

图 2-17 2012 年至今虚拟现实产业进程一览

第二章　虚拟现实发展简史与行业现状

1. 设备迭代

2012年，虚拟现实爱好者Palmer Lucky通过在众筹网站筹集的250万美元，开发了全新的头戴显示器Oculus Rift，这款设备支持多种接口，并且支持1 280像素×800像素的分辨率，配备多种传感芯片，在短时间内取得了重大的成功。同时，此设备还使许多企业意识到：虚拟现实所需要的技术近年来已经默默地产生了重大的突破。

2014年7月，互联网巨头Facebook以20亿美元收购Oculus，这次收购使虚拟现实从单纯的概念变成各大互联网巨头竞争的新的产业赛道。各大公司纷纷开始推出虚拟现实产品，例如谷歌推出了廉价的Cardboard、三星公司推出了Gear VR等，但是这些产品相对来说依旧存在不足，例如Cardboard在某种意义上是一次性体验品，而Gear VR实际上需要插入三星手机使用。Cardboard与VR一体机如图2-18所示。

- ✓ Google Cradboard是最早的VR盒子。
- ✓ 制作简单、经济实惠，仅用硬纸板、透镜、尼龙搭扣和橡皮筋就可以制作一个VR盒子。
- ✓ 虽然VR盒子的虚拟现实效果一般，但降低了虚拟现实体验的门槛。

- ✓ 具有一体成型的设计感的外壳、专业光学镜片，不需要插入手机，而是将芯片等关键部件设计到机器内容。
- ✓ VR一体机同样具有易用、低价、便捷的特点。
- ✓ 相比VR纸盒功能更强，能够获得更优质的虚拟现实体验。

图2-18　Cardboard与VR一体机
（a）Cardboard；（b）VR一体机

2016年，备受期待的三大虚拟现实硬件产品上市：Oculus Rift、HTC Vive以及PlayStation VR。这三台设备的出货量均超过10万台，并且为后续同系列产品的销售打下坚实的基础，如PlayStation VR总销售量接近500万台，HTC Vive一直被视为高端虚拟现实设备的代名词，Oculus系列产品的总销售量突破1 000万台。2022年，虚拟现实设备全年总销量接近1 500万台，详细数据如图2-19所示。

	2016年	2017年	2018年	2019年	2020年	2021年	2022年
Oculus	Oculus Rift $599		Oculus Go $199	Oculus Rift S $799 / Oculus Quest $399	Oculus Quest 2 $299		Meta Quest Pro $1499.99
HTC	HTC Vive $799		HTV Vive3 Pro $599	HTC Vive Focus/Plus $599/$799	HTV Vive Cosmos $699	HTC Vive Pro2 $1399	HTC Vive Focucs3 $1300
DPVR	DPVR M2 Pro $495	DPVR E3C/B $250	DPVR P1/P1 Pro $199/$299	DPVR E3 4K $399	DPVR P1 Pro 4K $349		
Sony PSVR	PSVR $299						PSVR 2 $549.99
Pico			Pico Goblin $269	Pico G2 $294 / Pico G2 4K $399	Pico Neo 2 $699	Pico Neo 3/Pro $390/$699	Pico 4 $299
Valve				Valve Index $999			
出货量/万台	180	375	350	390	670	1095	1573E

图2-19　主要虚拟现实厂商设备与年度出货量

展望未来，虚拟现实底层硬件技术——近眼显示、渲染处理、感知交互、网络传输仍有一定进步空间，2~5 年内 Micro LED、眼动追踪、注射点渲、沉浸声场等技术成为重点探索方向。此外，随着通信网络技术的发展，虚拟现实上云将助力设备向轻量级、无绳化方向发展，进一步驱动用户体验再升级。预计 2024 年前后苹果、Oculus、Sony 等公司将推出新款虚拟现实终端设备，并将在显示、交互等层面进行全面升级，有望加速消费级虚拟现实用户渗透。

2. 技术分级与下放

随着技术的发展，虚拟现实技术开始形成明显的技术分级，主要体现在两个方面。

一方面，随着计算机科学的发展，更多的底层技术开始不断被提出、解决、应用（图1-9）。对头部企业而言，掌握核心技术是重中之重，因此即使在虚拟现实发展的短暂的不景气时期（2016 年），大量头部企业依旧加码对虚拟现实核心技术的研究，或者对掌握前沿虚拟现实技术的企业进行收购，以扩充本身技术储备，如图 2-20 所示。

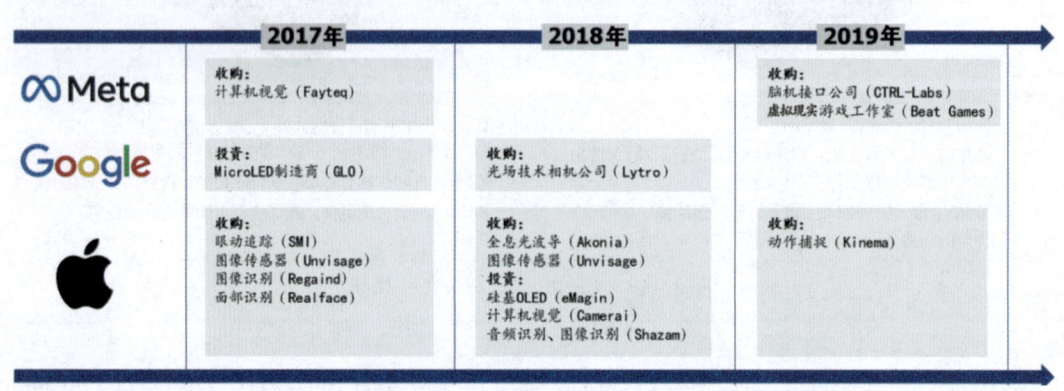

图 2-20　头部企业对虚拟现实核心技术加码（来源：虚拟现实产业白皮书）

另一方面，面向大众开发的软件系统、开发引擎逐渐普及，成为虚拟现实内容开发的基础。虚拟现实技术的快速分级使虚拟现实科研与虚拟现实应用相辅相成，快速产出大量应用与内容。通用型操作系统、开发引擎成为构筑虚拟现实生态繁荣的基础设施，大大提高了虚拟现实应用程序开发效率。例如，OpenXR 行业开放标准得到广泛应用，Epic Games 虚幻引擎、Unity3D 引擎基于大型虚拟现实应用开发功能升级，英伟达公司推出虚拟现实实时协作平台 Omniverse，等等。

为了降低虚拟现实/增强现实应用开发门槛，提升虚拟现实应用软/硬件的适配性，2019 年，由 Khronos Group 首次推出的 Open XR 成为虚拟现实/增强现实应用程序的开放标准（API），其适配 Steam VR、Oculus、Windows MR、Unreal、Unity 等软/硬件平台，使开发者编写的代码和应用能在多个程序引擎上进行迁移。2021 年 2 月，Steam VR 更新 1.16 版本，正式支持 OpenXR 1.0 API。2021 年 7 月，Oculus 全面支持 OpenXR，成为未来所有新应用程序的首选 API。此外，作为虚拟现实/增强现实应用开发的核心引擎，Unity 3D、Unreal 在支持 OpenXR 的同时，持续升级内置虚拟现实模板，进一步降低虚拟现实应用开发门槛，OpenXR 运作方式与合作企业如图 2-21 所示。

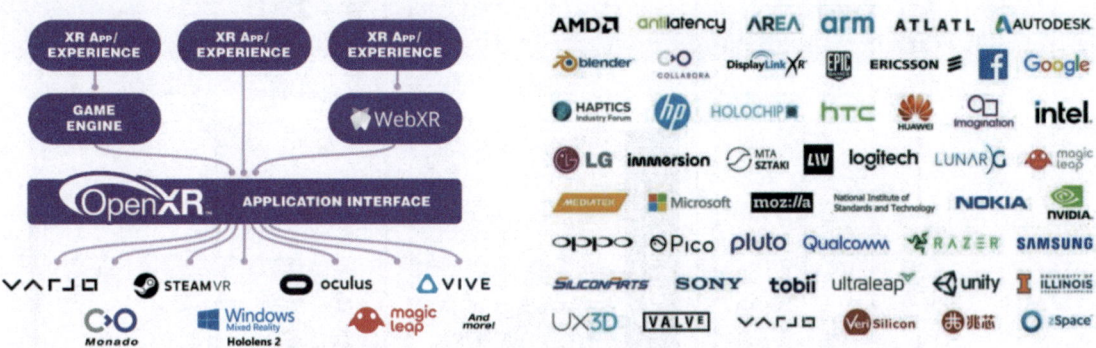

图 2-21　OpenXR 运作方式与合作企业

Omniverse 是英伟达公司于 2021 年推出的专注于数字孪生的开放式云协作平台。该平台基于计算机图形学等技术模拟真实世界中的物理规则，基于 USD（通用场景描述）集成主流 3D 设计工具，并支持多人实时共创内容，以提升开发迭代效率。简而言之，Omniverse 可以理解成虚拟制作、图形设计等多种软件以及不同开发制作人员之间连接的桥梁，共同构建虚拟化数字空间。目前，Omniverse 与 Unity 3D、Unreal4、3ds Max 等主流开发软件兼容并提供接口，适用于建筑、工程、制造以及媒体和娱乐行业，也能提升大型虚拟现实应用制作的开发效率。

3. 生态构建

面对数量级迅速增大的用户群体，部分厂家在硬件开发过程中开始布局自己的虚拟现实生态。

Oculus 公司在推出虚拟现实设备的同时，不断尝试构建自己的虚拟现实生态：Oculus Rift DK1 本身便附带软件开发套件，支持自动生成不同视角的画面，形成立体效果，用以支持开发者自定义与开发。Oculus 公司在 2014 年 9 月推出 Oculus Platform，使开发者可以制作虚拟旅游、医疗健康等方面的各种虚拟现实应用。Oculus 公司旗下的 Oculus Store 的大部分内容为专属 VR 一体机的应用内容，Quest Store 的软件销售收入已经超过 10 亿美金。图 2-22 所示为 Oculus 公司的虚拟现实生态布局图。

Valve 公司的 Steam VR 是目前世界上内容最丰富、最大的虚拟现实资源分发平台，该平台由 Valve 公司聘请 BitTorrent（BT 下载）的发明者布拉姆·科恩亲自开发设计，目前其上约有 7 000 款虚拟现实应用，支持包括 HTC Vive、Index 等 PC 虚拟现实设备的内容分发，这还只是大部分 VR 一体机的串流模式，其上应用远超其他公司的应用数量。在 2020 年，Valve 公司推出了虚拟现实标杆作品《Half-Life：Alyx》。同时，该公司还为知名虚拟现实设备提供商 HTC 的 HTC Vive 提供技术支持并完成 Valve Index 的开发。

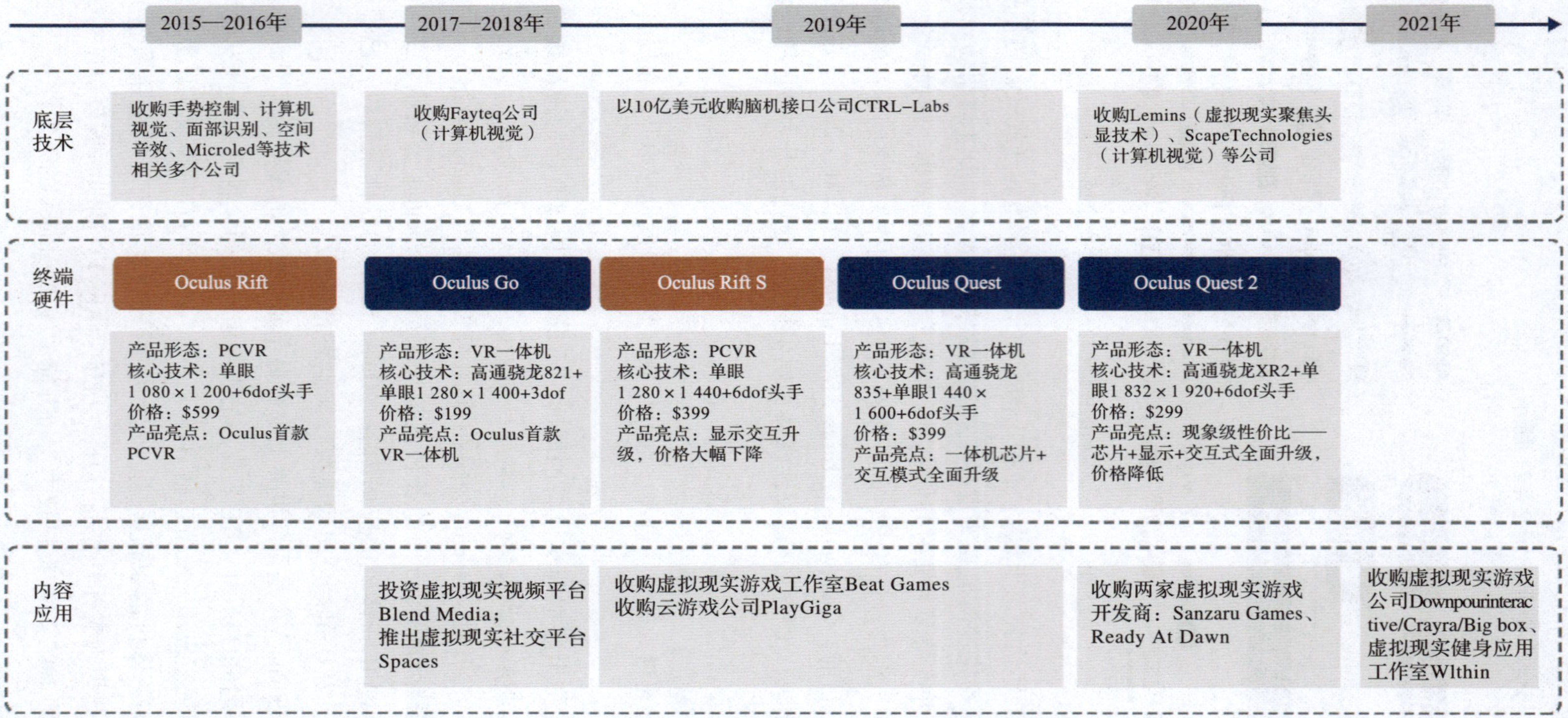

虚拟现实应用导论——认知、技能与职业

	2015—2016年	2017—2018年	2019年	2020年	2021年
底层技术	收购手势控制、计算机视觉、面部识别、空间音效、Microled等技术相关多个公司	收购Fayteq公司（计算机视觉）	以10亿美元收购脑机接口公司CTRL-Labs	收购Lemins（虚拟现实聚焦头显技术）、ScapeTechnologies（计算机视觉）等公司	
终端硬件	**Oculus Rift** 产品形态：PCVR 核心技术：单眼1 080×1 200+6dof头手 价格：$599 产品亮点：Oculus首款PCVR	**Oculus Go** 产品形态：VR一体机 核心技术：高通骁龙821+单眼1 280×1 400+3dof 价格：$199 产品亮点：Oculus首款VR一体机	**Oculus Rift S** 产品形态：PCVR 核心技术：单眼1 280×1 440+6dof头手 价格：$399 产品亮点：显示交互升级，价格大幅下降	**Oculus Quest** 产品形态：VR一体机 核心技术：高通骁龙835+单眼1 440×1 600+6dof头手 价格：$399 产品亮点：一体机芯片+交互模式全面升级	**Oculus Quest 2** 产品形态：VR一体机 核心技术：高通骁龙XR2+单眼1 832×1 920+6dof头手 价格：$299 产品亮点：现象级性价比——芯片+显示+交互式全面升级，价格降低
内容应用		投资虚拟现实视频平台Blend Media；推出虚拟现实社交平台Spaces	收购虚拟现实游戏工作室Beat Games 收购云游戏公司PlayGiga	收购两家虚拟现实游戏开发商：Sanzaru Games、Ready At Dawn	收购虚拟现实游戏公司Downpourinteractive/Crayra/Big box，虚拟现实健身应用工作室Within

图 2-22 Oculus 公司的虚拟现实生态布局（来源：中国信息通信研究院）

28

2.4 虚拟现实国内发展与现状

1. 国内发展历程

相较于一些发达国家，我国的虚拟现实技术起步较晚，但是依旧有一些探索和讨论。20世纪70年代初，一些基于计算机与仿真的研究已经展开，但受制于当时的算力和设备，相关研究以交互和效果演算为主，并未考虑沉浸性。

20世纪90年代初，我国一些高校和科研院所的研究人员开始从不同角度对虚拟现实技术进行研究，如我国航空航天事业奠基人、人民科学家钱学森教授，以及中国工程院汪成为院士等人对虚拟现实的命名、应用等进行了探索。图2-23所示是一组钱学森教授与汪成为院士关于虚拟现实的信件（原件现存于上海交通大学钱学森图书馆）。

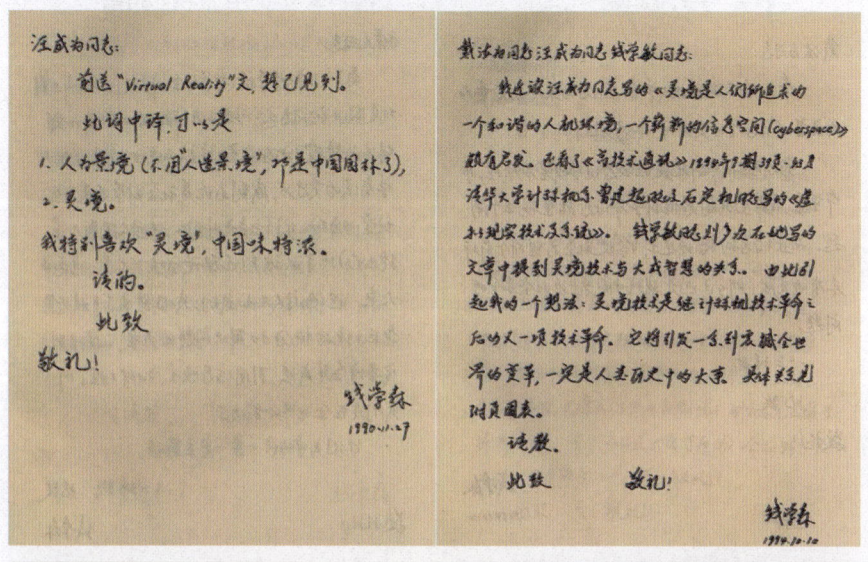
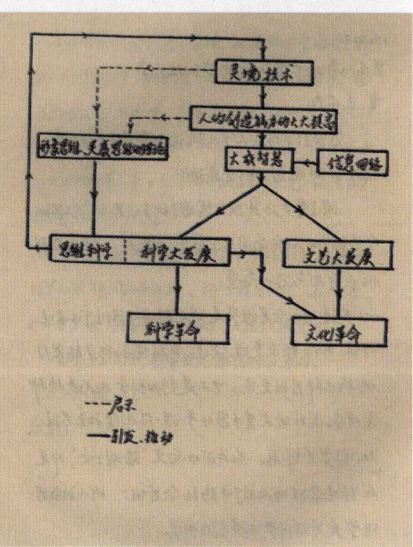

图2-23 钱学森教授与汪成为院士关于虚拟现实的信件

在这些信件中,钱学森教授不仅为虚拟现实技术提出了一个富有中国文化特色的名称——灵境技术,还对虚拟现实的理论、实现和应用进行了探讨,他认为虚拟现实技术是继计算机技术后的又一项革命性技术,同时认为虚拟现实技术应以人为主,尊重人的主体性,建议将虚拟现实技术应用于教育、医疗、娱乐等方面,为人类的发展和进步提供有益的服务。1996年,中国工程院院士汪成为发表了关于虚拟现实的著作《灵境(虚拟现实)技术的理论、实现及应用》,如图2-24所示。

图2-24　汪成为院士与《灵境(虚拟现实)技术的理论、实现及应用》

国家科学技术部、国家自然科学基金委员会等在20世纪90年代开始对虚拟现实领域的研究给予资助,国家"863"计划在1996年将"分布式虚拟环境"确定为重点项目,实施了DVEVENT计划。北京航空航天大学、浙江大学CAD&CG国家重点实验室、清华大学、西安交通大学信息工程研究所、广东工业大学—美国Eon-Reality Inc.虚拟现实研究与开发联合实验室等科研院所、团队不断跟进,进行虚拟现实软/硬件与算法的研究。

随着虚拟现实理论研究、技术创新、系统开发和应用推广方面都取得明显成绩,我国在这一科技领域进入了发展的新阶段。由于虚拟现实的学科综合性和不可替代性,以及其在经济、社会、军事领域的应用需求越来越大,2006年国务院颁布的《国家中长期科学和技术发展规划纲要》也将虚拟现实技术列为信息领域优先发展的前沿技术之一。2022年11月1日,工信部、教育部、文化和旅游部、国家广播电视总局、国家体育总局联合编制的《虚拟现实与行业应用融合发展行动计划(2022—2026年)》正式发布。该计划制定了如下发展目标:到2026年,虚拟现实在经济社会重要行业领域实现规模化应用,我国虚拟现实产业总体规模(含相关硬件、软件、应用等)超过3 500亿元,虚拟现实终端销量超过2 500万台。

2. 国内发展现状

随着虚拟现实、人工智能、5G技术等新一代信息技术的发展,虚拟现实"产、学、研、用"等方面得到长足发展,自2016年起,江西南昌、山东青岛、福建福州等政府部门均开始筹备虚拟现实产业基地。虚拟现实研发热潮逐步兴起,2016年更被称为"虚拟现实元年"。国内网易影核（Netvios）、腾讯、字节跳动等公司也从线上、线下、硬件、渠道等多个方面对虚拟现实进行系统化的生态布局。总体看来，作为新一代信息技术融合创新的典型产业，虚拟现产业关键技术日渐成熟，在大众消费方向与垂直细分领域前景广阔，产业发展如日初升，恰逢其时，形成了相对完善的上、下游产业链、生态链。

如图2-25所示，我国虚拟现实产业链主要包含硬件、软件、内容服务、应用等环节。其中，光学、显示是虚拟现实产业链硬件环节的核心部分。软件环节的核心部分主要为交互技术。交互技术是用户与虚拟世界互动的手段，扮演着连接用户与虚拟环境的桥梁角色。虚拟现实产业的爆发式发展，同步带来交互技术的更迭。手势追踪、眼动追踪及面部识别等聚焦用户生理特征、动作行为的交互技术，极大地提高了用户参与度，为用户构建的虚拟角色和虚拟环境间的动作、情感响应提供支撑。交互技术的发展整体趋向无感化，肌电模拟、脑机交互这些直接从身体或大脑向虚拟环境传输指令的交互形式也是虚拟现实产业的兴趣所在。交互技术的发展如图2-26所示。

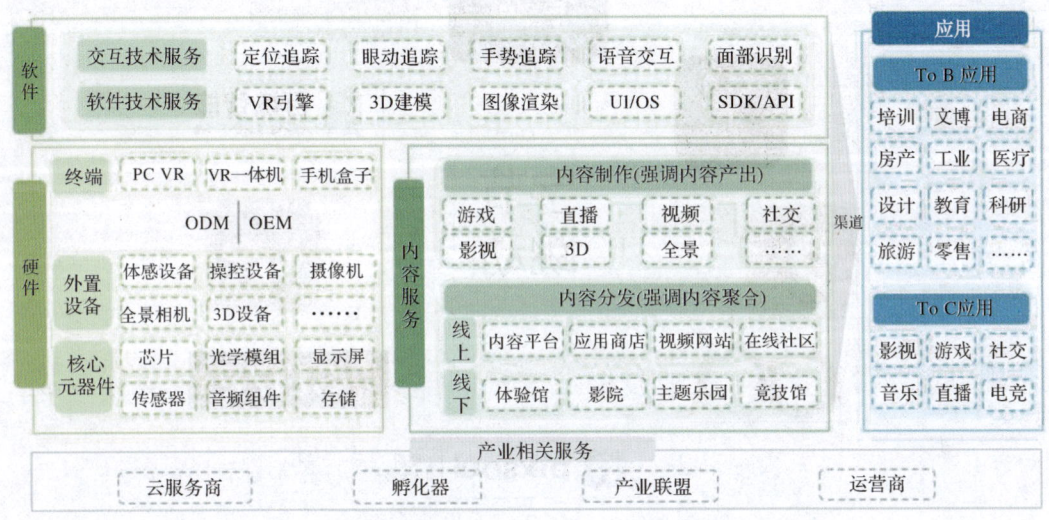

图2-25　我国虚拟现实产业链（来源：艾瑞咨询研究院）

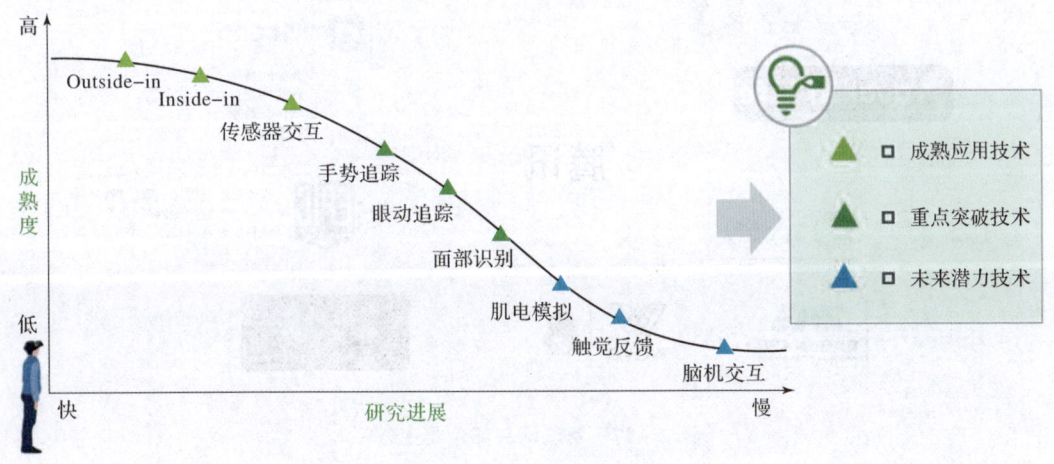

图2-26　交互技术的发展

目前虚拟现实硬件设备基本支持虚拟现实游戏流畅运行,但随着眼动追踪、手势追踪、语音交互、面部识别等交互技术的出现与发展,渲染技术对算力需求的提升,硬件与软件的适配性将发生变化并直接影响用户体验。硬件与软件的发展也带动了内容生态的繁荣,虚拟现实产业不再局限于游戏、社交、教育、工业、医疗、零售等业态也将加入,业态日趋丰富。

随着虚拟现实技术的发展,部分行业的头部企业不断地形成"硬件—软件—内容—分发"一体的生态,其中以字节跳动公司和腾讯公司为典型代表。

如图 2-27(a)所示,字节跳动公司在硬件方面收购了虚拟现实设备生产商 Pico,并且发布了 Pico 4 等 VR 眼镜,同时具有 AI 算力以及活跃的 UGC 生态,快速在虚拟现实方向布局。如图 2-27(b)所示,腾讯公司投资 Epic Games 公司,与月活超过上亿人的 3D、虚拟现实等数字内容开发公司 Roblox 达成战略合作协议,同时拥有 Spotify 与 Wave 等虚拟演出、音频流媒体公司,在虚拟现实产业不断布局。

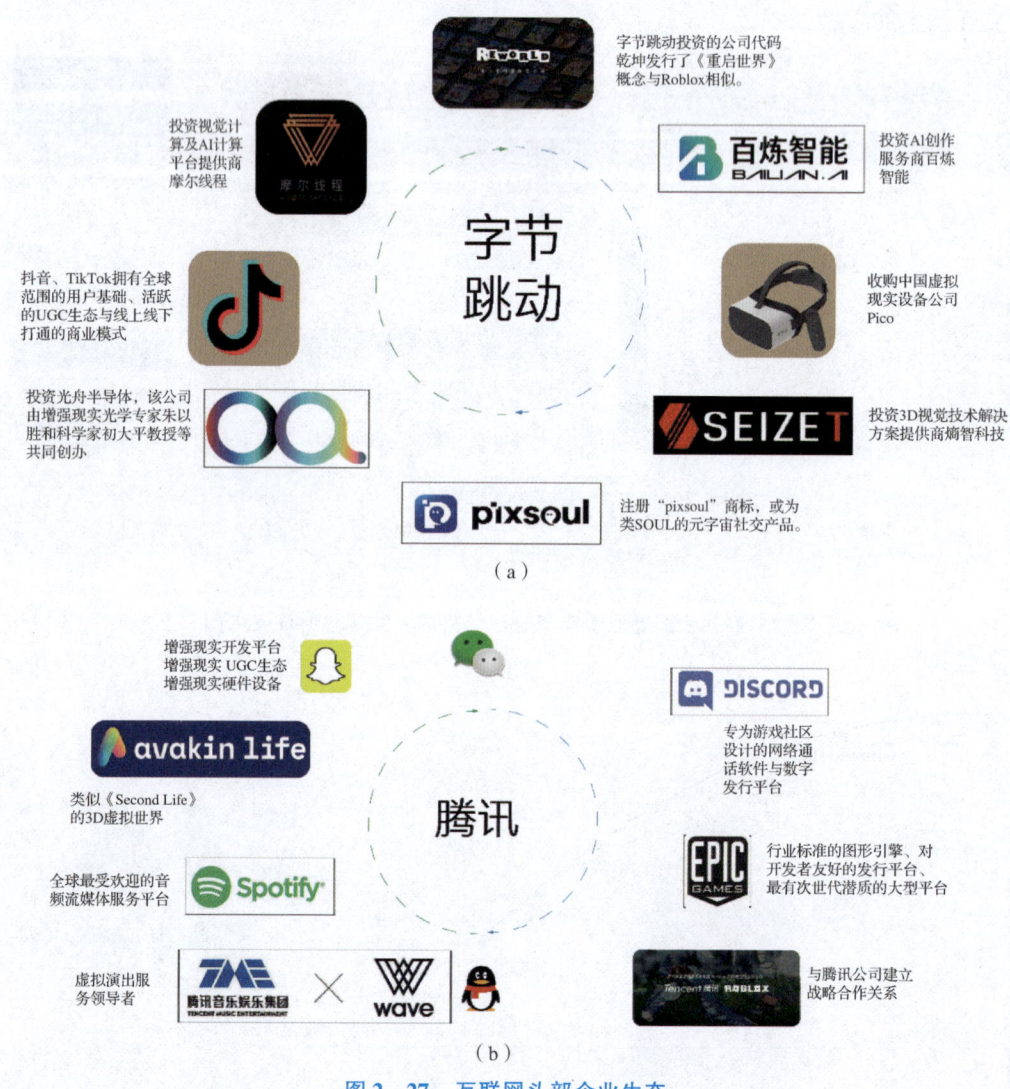

图 2-27 互联网头部企业生态
(a)字节跳动公司;(b)腾讯公司

【思考与巩固】

了解钱学森的生平事迹，说一说从钱学森的哪些事迹可以看出他勇于探索、不怕吃苦的精神，并讲述给班级中的其他同学。

【实践与展示】

（1）搜索相关学习视频，尝试制作一个体视镜或红蓝眼镜。

（2）尝试收集与虚拟现实、幻境相关的古诗词和故事，并分析它们与本书所介绍的虚拟现实的异同。

第三章

认识虚拟现实设备

工欲善其事，必先利其器。虚拟现实设备是虚拟现实开发、从业者最重要的工具之一。目前市场上的虚拟现实设备往往给人两种极端的感觉：一方面它们仿佛是代表人类"科技明珠"的"高端科技设备"；另外一方面它们的体验感甚至不如一般电子设备的"换壳游戏机"。因此，科学、系统、准确地认识虚拟现实设备是必要的。

本章先从现代电子设备结构的本源——冯·诺依曼体系讲起，阐述现代电子产品的核心部件组成。在熟悉冯·诺依曼体系的基础上，明确虚拟现实设备的对应核心部件分类以及每类部件的不同样式（如数据手套）。在本章最后，考虑到现代电子设备的高集成度特性和不同选配需求，对不同部件集成的典型或常见的虚拟现实设备进行区分与讲解。

本章内容结构如图3-1所示。

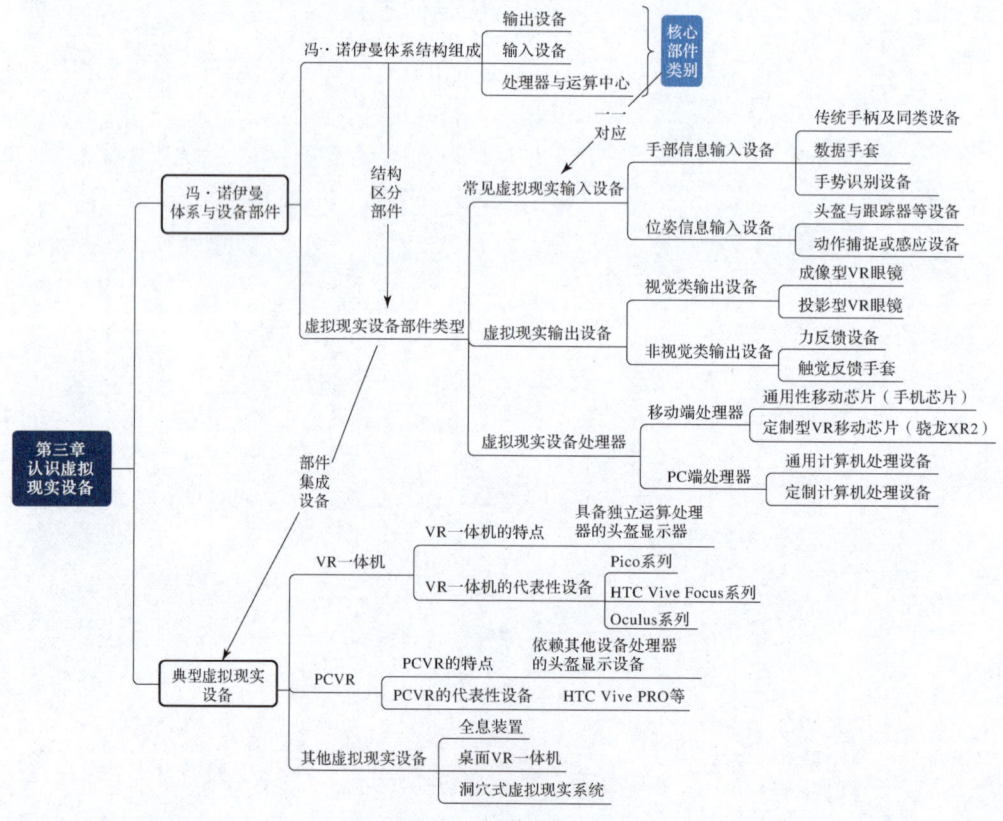

图3-1 第三章内容结构

【知识目标】

(1) 了解冯·诺依曼体系,并且掌握对应计算机硬件的分类。

(2) 掌握常见的虚拟现实设备部件分类,以及这些部件的典型产品。

(3) 了解市面上常见的虚拟现实设备分类,及其优、缺点和本质。

【能力目标】

(1) 能够基于冯·诺依曼体系,分析各种电子产品或者同种电子产品的异同。

(2) 能够基于对典型虚拟现实设备的分类,完成对市面上虚拟现实设备的基本评测。

【素养目标】

完善对电子硬件进行认知的科学体系,理解电子产品的发展与时代的相关性。

3.1 冯·诺依曼体系结构组成

现代电子产品琳琅满目,同时迭代更新快速。计算器、平板电脑、计算机、VR 头显等电子设备,虽然其外形和体积相差甚远,但它们本身都是依据冯·诺依曼体系建立起来的。因此,为了更好地了解虚拟现实设备,先从冯·诺依曼体系开始本章的课程。

如图 3-2 所示,冯·诺依曼确定了"计算机结构"中的五大部件:控制器、运算器、输出设备、输入设备、存储器。

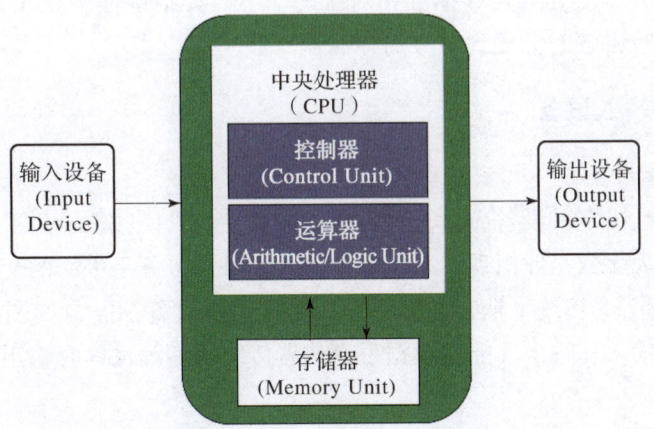

图 3-2 冯·诺依曼计算机结构

(1) 控制器:又称为控制单元(Control Unit),是计算机的神经中枢和指挥中心,只有在控制器的控制下,整个计算机才能够有条不紊地工作、自动执行程序。

(2) 运算器:又称为算术逻辑单元(Arithmetic/Logic Unit,ALU),是计算机中执行各种算术和逻辑运算操作的部件。运算器的基本操作包括加、减、乘、除四则运算,与、或、非、异或等逻辑操作,以及移位、比较和传送等操作。

最常见的计算机的中央处理器(Central Processing Unit,CPU)主要就是由控制器和运算器组成的,因此评价 CPU 的好坏,其实一定程度上是评价 CPU 在特定情况下运算与发出指令的速度。

（3）输出设备：是计算机硬件系统的终端设备，用于进行计算机数据的输出显示、打印，输出声音，控制外围设备等，同时把各种计算结果数据或信息以数字、字符、图像、声音等形式表现出来。

（4）输入设备：是人或外部与计算机进行交互的一种装置，用于把原始数据和处理这些数的程序输入计算机，是计算机与用户或其他设备通信的桥梁。输入设备是用户和计算机系统之间进行信息交换的主要装置之一。

（5）存储器：主要功能是存储程序和各种数据，并且能够在计算机运行过程高速、自动地完成程序或者数据的存储。内部存储器分为 RAM（Random Access Memory）和 ROM（Read – Only Memory）。

对于常见台式计算机，其输入设备是键盘、麦克风、摄像头等，其输出设备是屏幕、音箱、控制器和运算器（包括显卡等设备），它们一起组成了广义的 CPU；Cache 和 ROM/RAM 等组成了存储系统。虽然在定义区分和细节上有所变化，但是其结构依旧采用冯·诺依曼体系。

3.2 虚拟现实设备部件类型

针对虚拟现实设备，本节从输入设备、输出设备和处理器着手进行讲解；对于存储器部分，因其工艺和标准相对统一，不再详细讲述。在 3.3 节对集成后的设备进行讲解时会提到对应的存储器参数。

VR 设备分类

3.2.1 虚拟现实输入设备

1. 手部信息输入设备

虚拟现实的特性决定其设备应具有更灵活的交互性。人们往往通过手部完成一系列灵活的交互，因此在绝大多数是虚拟现实系统中，输入设备常服务于手部的交互。围绕手部交互所设计的软/硬件可分为传统手柄、数据手套、手势识别设备三类，如图 3 – 3 所示。当然，就像手机屏幕兼具输入和输出功能，数据手套或者传统手柄等也具有输出功能，但此处只讨论其输入功能。

1）传统手柄与变形

图 3 – 4 所示为常见的传统手柄，也是目前虚拟现实设备常用的手部信息输入设备，其主要特征是通过按钮 + 触摸板 + 摇杆的形式，使用手指进行触发。传统手柄可以理解为鼠标的变体或者鼠标在三维空间工作（鼠标一般是在桌面之类的平面上工作）的表现形式。

传统手柄除了传递各种按键所设定的功能信息外，其本身还内置了陀螺仪和定位系统，因此还能传递一部分手部在空间中的位置和移动信息。使用虚拟现实应用时，只需要正确地抓握手柄，便能在虚拟环境中看到对应的虚拟手模型，甚至在按下不同按键或触碰触摸板时，虚拟手能做出弯曲、握拳、张开等动作。

第三章　认识虚拟现实设备

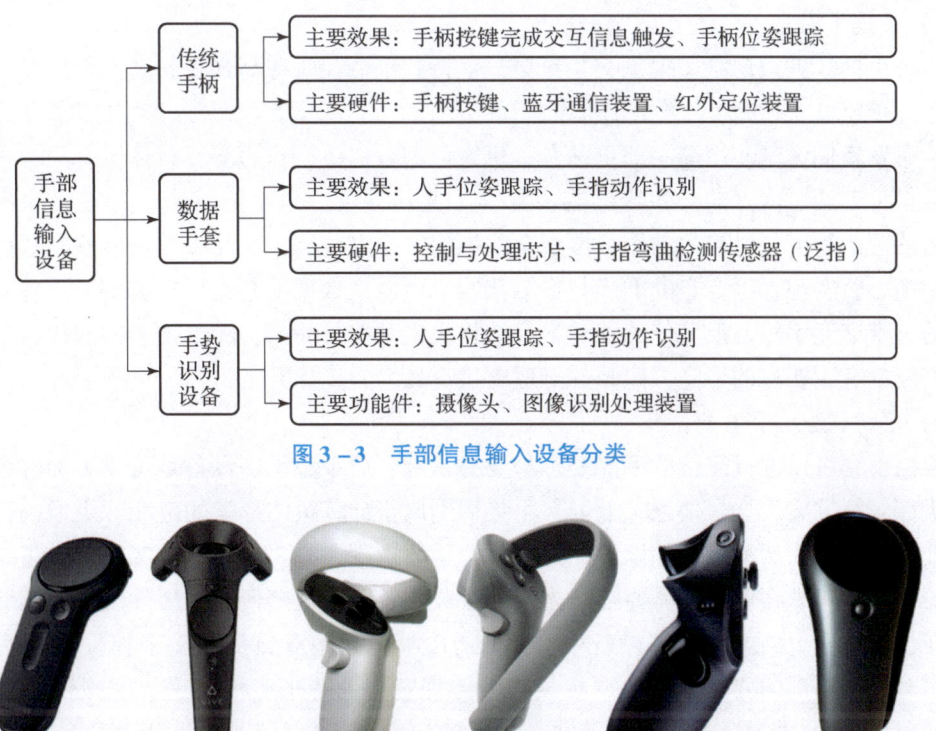

图 3-3　手部信息输入设备分类

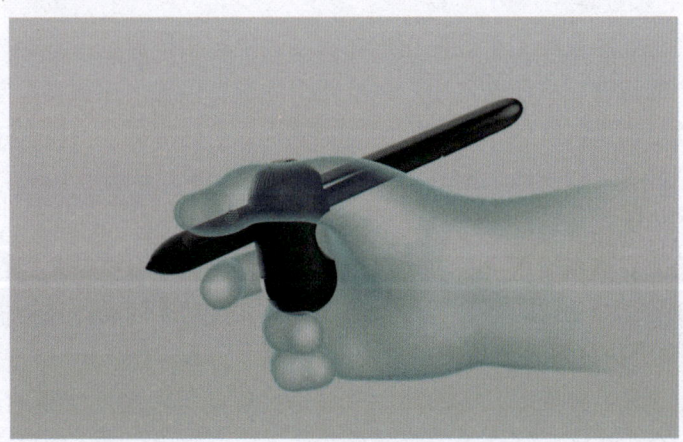

图 3-4　常见的传统手柄

除此以外还有一种与传统手柄相似的硬件——VR Pen，这种设备的外形是笔的形状，通过按钮、本身陀螺仪和手部压力来实现交互和动作，例如罗技公司的 VR Ink Pilot Edition 和 Wacom 公司的 VR Pen（图 3-5）。该设备包含一个中指按钮、一个拇指侧面按钮，以及一个转轮。VR Pen 的笔杆另外含有 3 个可通过拇指触及的按钮。通过"握笔力"来确定三维空间中的预期施力。另外，它的尖端包括一个 EMR 压力传感器，与数位板兼容。可以将 VR Pen 用于 3D 和 2D 媒介。由于 Wacom 公司的 VR Pen 搭载独立的追踪系统，所以它可以配合任何虚拟现实头显。

图 3-5　Wacom 公司的 VR Pen

37

2）数据手套

传统手柄让虚拟现实实现了交互，但是手持式手柄在一些高强度、高灵敏度场景中存在易脱手（如格斗类游戏）、无法全部发挥手指灵敏性（如乐器类游戏、虚拟打字类游戏）等限制，研发者们尝试使用与手部更贴合、更方便的数据手套作为交互载体。

数据手套通过内置的一些传感器装置（如光纤导管、角度传感器、力敏部件等）来检测手指的弯曲程度与对应的动作，再配合陀螺仪等检测位姿，从而将数据传输到数据手套上的控制中心，实现人手姿态的准确与实时获取。可以说数据手套给用户提供了一种非常真实自然的三维交互手段。但其传感器和本身结构决定其造价高昂，随着技术的迭代，现在的数据手套成本有了明显的下降，佩戴的舒适度也有较大幅度提升。

3）手势识别设备

数据手套可以进行完整的手部姿态与姿势识别，而手势识别设备是可以更加解放用户双手的手部交互方案。从严格意义上说，手势识别属于计算机图形学的范畴，更像一种数据识别、处理的算法，而不是硬件设备。完成整个手势识别，需要用到红外深度摄像头或高清摄像头，有些手势识别设备还需要红外光发射接收装置等，这些便属于硬件设备的范畴。

在当前市面上的虚拟现实设备中，部分 VR 眼镜利用双目摄像头来捕捉用户手部的轮廓，实时跟踪手部的姿态，再根据相关的手势规定与训练来实现人手与虚拟环境内容的交互，如 Hololens。当然，随着相关算法与技术的迭代，部分 VR 眼镜也开始融入无佩戴式手势识别方案。不过，当前这类手势识别设备在精度和响应速度上还有待提升。美国的 Leap 公司则为手势识别单独制作了一款硬件装置——LeapMotion，其手部信息的捕捉准确度高，精度甚至可达 1 mm，其动态跟踪时延是所有无佩戴式手势识别设备中最小的。该设备支持许多市面上流通的 VR 头盔和眼镜，但需要软件开发者为其定制。

总而言之，手势识别使人们无须借助任何机械设备即可自然交互，是虚拟现实系统中手部交互的理想方式。但是，这样的交互方式也仅是针对纯手部信息输入模式。如果想要手部在虚拟环境中交互时接收到对应的反馈，如触觉，那么无佩戴式手势识别设备则无法满足要求。

2. 位姿信息输入设备

三维位置和姿态的感应除了可以使用户在沉浸式的虚拟世界里原地旋转，还能利用算法和传感器感知用户的移动，从而确定用户在空间中的相对位置。一款具有空间定位的虚拟现实设备不仅能更好地提供沉浸感，其产生的眩晕感也会大幅降低，由位移造成的画面不同步感完全消失，虚拟世界可以与用户的身体保持一致的移动性。因此，位姿信息输入设备也是虚拟现实输入设备中的代表性设备。

目前市面上的位姿信息输入设备主要包括三种：①头盔本身自带陀螺仪和其他惯性感应元器件的设备；②带有额外跟踪器和定位器的设备；③高精度的动作捕捉输入设备。

1）头盔自带位姿信息输入元器件的设备

头盔自带的定位元器件嵌入设备内部，一般是灵敏度与精确度较高的角加速度传感器，即陀螺仪；同时配合头盔或眼镜面板四周的摄像头来辅助监测跟踪，即可完成头部的位姿跟踪。在此方案中，陀螺仪是关键部件，它主要检测头盔各个自由度的变化（既头部与颈部的运动），而摄像头在部分设备中仅起到辅助作用，用于判断虚拟现实模式下人是否碰触障碍物。

图 3-6 所示为 Oculus Quest 2 拆解照片，可以看到两个三明治式的单元为头显外部传感器提供了一个平台，它们用于位置追踪、透视和手部追踪。

图 3-6　Oculus Quest 2 拆解照片

显然此类设备的价格较低，并且可以嵌入虚行现实整机，但其本身仅能定位头部的基本姿态和移动，无法实现深度沉浸。

2）空间定位输入设备（带有额外跟踪器和定位器）

典型的空间定位输入设备是使用额外的空间定位设备，配合头盔本身的传感器，对人在空间中的位置信息进行传递，并且输入处理端。HTC Vive 搭载的激光发射器是此类典型设备。

如图 3-7 所示，HTC Vive 定位设备底部有螺纹，用于固定在对应定位区域。一般两个激光发射器会被安置在对角位置，形成一个 15 英尺[①]×15 英尺的长方形区域，这个区域可以根据实际空间大小进行调整。激光束由激光发射器中的两排固定 LED 灯发出，每秒发出 6 次。每个激光发射器内设计有两个扫描模块，分别在水平和垂直方向轮流对定位空间发射横竖激光扫描 15 英尺×15 英尺的定位空间。HTC Vive 头盔和手柄上有超过 70 个光敏传感器。在激光扫过的同时，头盔开始计数，传感器接收到激光后，利用传感器位置和接收激光时间的关系，计算相对于激光发射器的准确位置。同一时间内激光束击中的光敏传感器足够多，就能形成一个 3D 模型。它不仅能探测到头盔的位置，还可以捕捉到头盔的方向。

图 3-7　HTC Vive 定位设备

---

① 1 英尺 = 0.304 8 米。

此类设备成本适中，精度高、反应速度高、稳定性高，使用沉浸性好，但是需要额外的定位空间（房间）。此类设备本身外置，需要额外的成本。一般在较为昂贵的头显上使用，或者用于面向大空间的解决方案。此类设备对关节和骨骼的变化不敏感，因此对于面向高精度的沉浸式动作捕捉适用性不强。

3）动作捕捉输入设备

为了实现人与虚拟环境及系统的交互，必须确定参与者的头部、手、身体等的位置与方向，准确地跟踪测量参与者的动作，将这些动作实时检测出来，以便将这些数据反馈给显示和控制系统。这些工作对虚拟现实系统是必不可少的，而提供这些动作输入的设备即动作捕捉输入设备。

目前常见的动作捕捉输入设备按照其大小分为局部动作捕捉输入设备（如面部动作捕捉输入设备、手势动作捕捉输入设备）和全身动作捕捉输入设备。其中全身动作捕捉原理分为光学动作捕捉、惯性动作捕捉等，较新的技术包括光惯混合动作捕捉、AI生成式捕捉等。目前虚拟现实设备中使用较多的为惯性动作捕捉输入设备。

惯性动作捕捉输入设备是将姿态传感器穿戴在人体各个主要肢体部位，它可将姿态信号无线传输至数据处理系统进行运动解算。其中姿态传感器集成了惯性传感器、重力传感器、加速度计、磁感应计、微陀螺仪等元件，用于得到各部分肢体的姿态信息，再结合骨骼的长度信息和骨骼层级连接关系，计算出关节点的空间位置信息。

光学动作捕捉输入设备则是通过布置在场地内的多个光学镜头从不同角度捕捉固定在人体/物体表面的反光标识点的位置信息，捕捉其动作姿态。根据被捕捉人体/物体的不同特征，还可将光学动作捕捉分为无标记点式光学动作捕捉、标记点光学动作捕捉。

3.2.2 虚拟现实输出设备

正如第一章所述，虚拟现实输出设备用于从虚拟世界向现实世界进行内容输出，主要就是根据虚拟内容与交互的变换信息来控制对应的设备，围绕不同的感知器官有对应的模拟感知生成，进而向用户呈现一些感知内容。因此，虚拟现实输出设备是针对用户的某一个或几个感知通道（视觉、触觉、嗅觉、味觉、听觉）而设计的，主要是让用户能够体验到虚拟世界的反馈。

1. 视觉类输出设备

虚拟现实输出设备的界定较为复杂①，本书将其分为两部分，既半沉浸式虚拟现实视觉类输出设备和沉浸式虚拟现实视觉类输出设备。

1）半沉浸式虚拟现实视觉类输出设备

半沉浸式虚拟现实视觉类输出设备一般指将成像内容投影到屏幕（或其他非近眼显示的位置），再借助其他设备进行观察的达到立体效果的视觉类输出设备。其主要的观察设备

---

① 标准的虚拟现实设备应基于近眼显示（Near-Eye Display，NED），但是实际上部分虚拟现实设备往往是将内容投射到大型屏幕上，再使用偏振镜片或者过滤镜片实现半沉浸效果，这里也将其视为一种视觉类输出设备，并且考虑到本书主要讲解应用技术因此对于Pancake以及多种透镜的光学技术不再进行区分，重点强调对产品影响较大的参数。

为各种带有过滤性质的眼镜。3.3 节中的桌面式 VR 一体机就是典型代表。此类眼镜一般分为偏色类 3D 眼镜、偏振式 3D 眼镜、分光式 3D 眼镜,其原理已经在第一章讲述,即让左、右眼看到的分别是所获得的不同影像,然后在人的大脑里在经过合成而成为立体影像。分色式是通过给左、右眼预先加上对应的颜色来达到左、右眼分开的目的;分时式是使左、右眼交替打开以与放映同步;分光式是利用光的偏振原理,根据左、右眼偏振角度的不同来使左、右眼看到的影像不同。

如图 3-8 所示,半沉浸式虚拟现实视觉类输出设备的主要特点式沉浸度不高,但其可以使用多种眼镜同时观察。

ZSpace 及其附带的 3D 眼镜如图 3-8 所示。

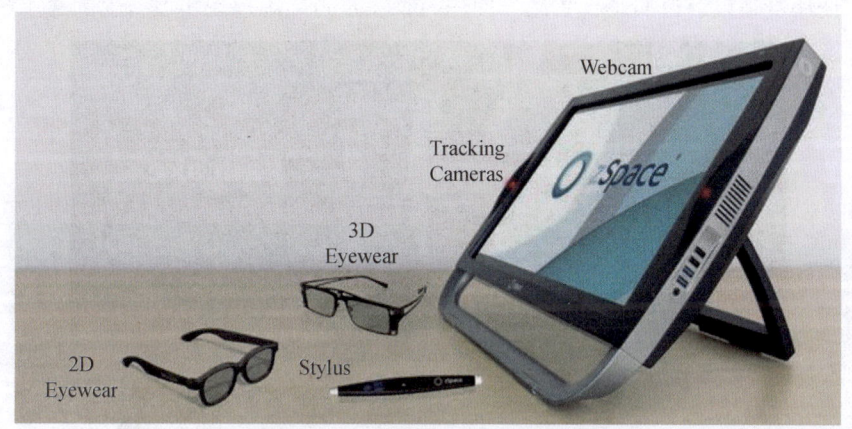

图 3-8　ZSpace 及其附带的 3D 眼镜

半沉浸性虚拟现实视觉类输出设备在合理的设置下可以实现 2D/3D 切换,利用率较高,一般用于桌面式虚拟现实设备或者其他大型的虚拟现实展示屏幕。

2)沉浸式虚拟现实视觉类输出设备

沉浸式虚拟现实视觉类输出设备主要使用其他设备(如眼罩等)隔离视觉干扰,靠近眼睛的微型显示面板发出的光通过成像光学器件进行准直,从而在眼睛可以舒适聚焦的远距离处形成虚像,且一般是双眼双通道,每只眼睛都能够获得单独的视野,从而形成立体视角。它会为用户提供景深以及浸入式的感觉。用于显示的硬件分为两部分:屏幕和光机(光学镜头)。一般受限于虚拟现实设备的质量,其屏幕无法做得太大,必须依靠光机进一步放大渲染画面,模拟出"另一个世界"的视觉效果。

此类设备的光机(透镜)目前主要有两种。一种是菲涅尔透镜。图 3-9 所示为菲涅尔透镜原理。因为普通透镜折射时,其实中间凸起部分是不参与折射的,仅传播光线,所以通过去除非折射区域,可形成较普通透镜更薄,但不影像实际传输效果的菲涅尔透镜。

另一种是 Pancake 透镜,其基于偏振光原理,采用折叠光路设计,如图 3-10 所示。图像源进入具有半反半透功能的分束镜之后,光线在镜片、相位延迟片以及反射式偏振膜之间多次折返,最终从反射式偏振膜射出进入人眼。这一方案基于折叠光路的原理,能极大地压缩 VR 眼镜的体积,镜片厚度也减小了不少。具体来说,一束光经过反射式偏振膜后先射出线偏振光 P,随后经过两次¼波片变成线偏振光 S,再经过两次¼波片又变回线偏振光 P,

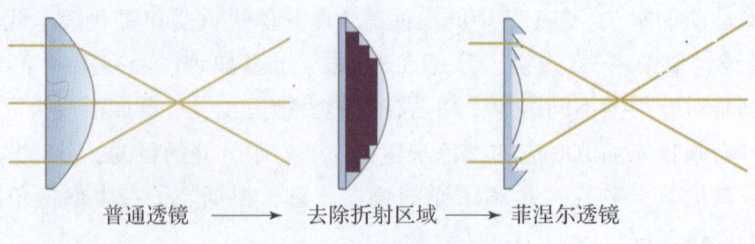

普通透镜 ⟶ 去除折射区域 ⟶ 菲涅尔透镜

图3-9 菲涅尔透镜原理

最终被人看见。因此，这一折叠光路并未改变光线的偏振方向。Pancake模组厚度相对传统菲涅尔透镜方案减小了一半，相应地，头显质量减小50%以上，降低了对脸颊和眼眶的压迫，有效提升了使用舒适度，进而延长了用户使用时长，是目前虚拟现实设备上的通用解决方案。

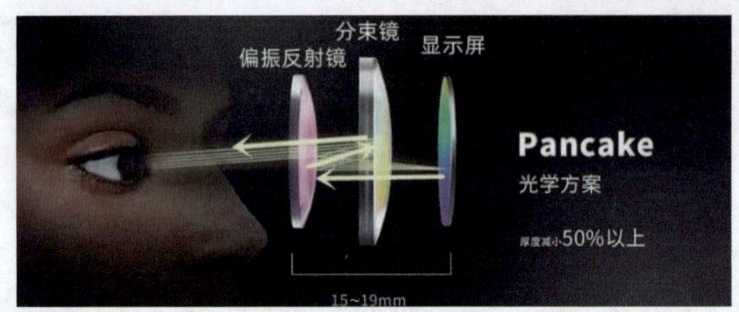

图3-10 Pancake透镜原理

此类设备的特点是可以提供高度的沉浸感。沉浸式虚拟现实系统采用多种输入与输出设备来营造一个虚拟世界，并使用户沉浸于其中，同时还可以使用户与真实世界完全隔离，不受真实世界的影响。

在虚拟世界中要实现与真实世界相同的感觉，则当人运动时，空间位置跟踪定位设备需及时检测到动作，并且经过计算机运算，输出相应的场景变化，这个场景变化必须是及时的，延迟时间要很小。

2. 非视觉类输出设备

除视觉类输出设备外，常见的虚拟现实输出设备还包括触觉输出设备、嗅觉输出设备、味觉输出设备等，它们一般被称为反馈设备。

1）触觉输出设备

触觉是感知通道中最复杂的，包括力触觉、痛觉、温觉、痒觉、滑觉、触压觉等。触觉来源于皮肤对外界的感觉，因此全身都可以产生触觉。触觉是人类与外界交流的重要通道，因此也有人称之为感觉之母。人与自然界交互时，触觉时时刻刻都在发挥作用——软硬、摩擦、冷暖、物体的纹理、疼痛，甚至人类的情感交流等信息都通过触觉实现。因为人体是通过神经细胞来实现触觉感知，同时每个物体本身的触觉信息既不一致又种类繁多，所以要实现用户在虚拟交互时产生完整的触觉感知是非常困难的，这也是市面上没有成熟的触觉输出设备、触觉体验贫乏的原因。

在虚拟现实系统中，触觉输出设备在虚拟现实系统运行过程中将触觉信息进行物理表达后传送到反馈装置，用户通过反馈装置的刺激产生触觉，感受到纹理、刚度、形状、温度等多模态特征。借助触觉交互技术，可以显著增强虚拟现实系统的交互体验，它在虚拟手术与康复训练、装备设计、装配仿真、互动触觉体验电影和体感交互娱乐等领域中有着非常重要的应用价值。

当然，由于触觉涉及范围较广，目前的触觉输出设备只对局部触觉进行呈现。根据所呈现触觉信息的不同，触觉输出设备可分为力反馈设备、温触觉设备、纹理触觉设备以及复杂触觉设备等。

图3-11所示是一个力反馈设备（Geomagic Touch），它通过多个铰链组合来实现六自由度的三维空间力反馈。使用时，用户手持反馈臂的末端并进行自由驱动，当用户在虚拟环境中触碰其他物体时，力反馈设备便发送计算后的指令给控制臂上的阻尼电动机，限制用户的手持运动，从而产生阻力感，完成力反馈呈现。此设备可以根据不同的物理特性产生不同的阻力感，如质量与软硬程度等。这类产品主要是通过运动阻力来实现力反馈，并且需要用户手持对应设备时才能感受到。

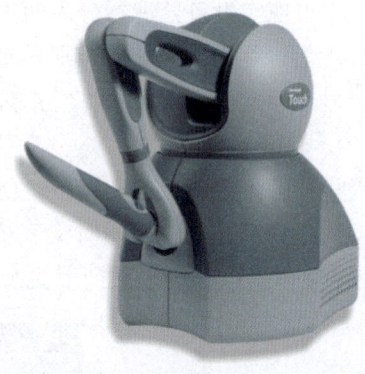

图3-11 Geomagic Touch 示意

2）嗅觉输出设备

嗅觉是人体的五大感知通道之一，是一种基于化学刺激产生的感知。对于一个虚拟现实/增强现实系统而言，目前市面上的嗅觉输出设备相对较少，多数嗅觉输出设备都处于研发阶段，只有少量的商业产品。这一方面是因为气味难以存储与制作，现有技术手段或方法还不够成熟；另一方面是因为气味种类太多，无法完全模拟并再现。嗅觉反馈一般包含（模拟）气味存储和气味散发两个内容，不同的气味存储方法决定了气味散发方式。气味存储方法主要有水溶法与凝胶法，气味散发方法则有电磁阀法、气泡法、加热法以及物理雾化法等。

佩戴式的嗅觉输出设备主要采用加热法来散发气味。市面上有部分成熟设备，比较典型的有日本 VAQSO 公司开发的嗅觉输出设备——VAQSO VR，该设备小巧轻便，可以装载在现有的 VR 头盔产品上，可同时向用户提供 5 种气味，如图3-12（a）所示。无独有偶，美国的 Feelreal 公司也设计了一款佩戴式的嗅觉输出设备——Sensory Mask，它可以装配在 VR 头盔上，如图3-12（b）所示。它利用的加热法生成气味，用小排气扇完成散发，从而让用户感受到扑面而来的气味，它支持同时提供 9 种气味。

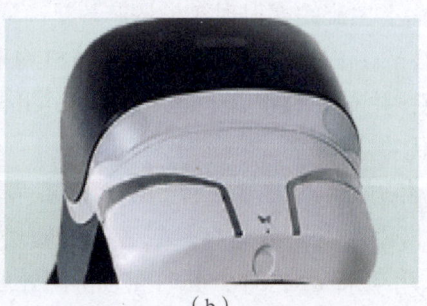

（a） （b）

图3-12 两款佩戴式嗅觉输出设备

（a）VAQSO VR；（b）Sensory Mask

实际上，嗅觉输出设备还有一种更为直接的方案，那便是使用神经刺激式的嗅觉反馈。国外有研究团队尝试在人体的鼻腔安装刺激元件，通过装置控制电信号的输出，以此制造嗅觉神经冲动。理论上，这种方式能完全地模拟并呈现人类所能闻到的任何气味，但这种方式对不同个体的感知效果不一致，难以准确模拟气味，其实用性质目前存疑。

3.2.3 虚拟现实设备处理器

虚拟现实设备处理器分为两大类，一类是基于移动端的处理芯片，其本质对手机端芯片进行优化与重构，另外一类则是基于PC端或者独立主机的芯片，其本质是使用计算机或者主机显卡性能进行渲染，将虚拟现实设备单纯作为一种显示器（俗称"串流"）。

1. 移动端处理器

早期的民用虚拟现实设备，例如VR盒子和移动式虚拟现实设备，其本身是以手机"周边"的形式存在的，使用时将手机插入设备，展示对应的内容。例如图3-13所示的三星Gear VR就是以三星S系列手机配件的形式出现的。

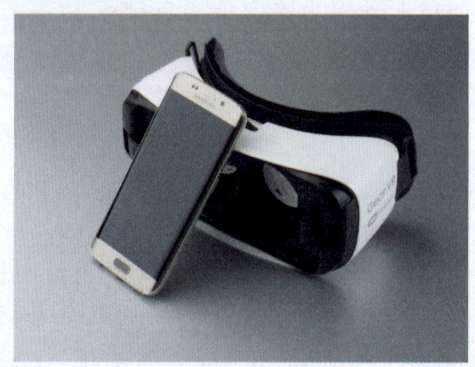

图3-13 以手机配件形式出现的三星Gear VR

随着虚拟现实设备出货量的不断增加，为了提高虚拟现实设备的适配性，高通公司推出了虚拟现实专用芯片，其主要基于传统移动端ARM架构芯片对功耗和散热进行了优化，同时加强了异构计算及AI性能。其中，高通XR1芯片综合硬件性能对标骁龙600，主要为了在2018年带动低价位VR一体机的发展，而高通XR2芯片则对标骁龙865，相较上一代XR1芯片，其CPU和GPU性能提升2倍，视频处理能力提升4倍，AI性能提升11倍。

目前市面上主流的虚拟现实设备芯片是高通XR2芯片。当前如Quest 2、Pico 4、爱奇艺奇遇3、HTC Vive Focus 3等主流VR一体机均采用高通XR2芯片。高通XR2芯片集成了头部6Dof功能，并支持7路并行摄像头、See-through、5G等功能。从市场占有率而言，高通芯片占绝对优势。

从2023年开始，如图3-14所示，随着苹果M系列芯片在影像处理方面获得成功，以及联发科的芯片性能逐渐提高，二者开始蓄力备战虚拟现实芯片。苹果的混合现实设备Vision Pro采用苹果M2芯片，同时配合协同处理芯片R1工作，来满足虚拟现实设备日益增长的高算力需求；另外，在2022年联发科高管峰会期间，联发科宣布将为2023年发布的PSVR2提供处理器支持，这是联发科首次出现在虚拟现实设备领域。

第三章 认识虚拟现实设备

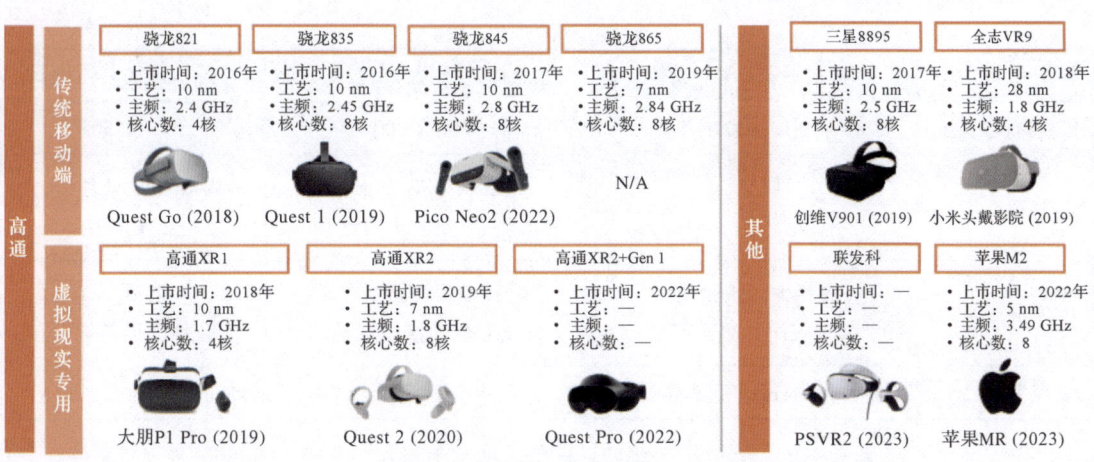

图 3-14 VR 一体机芯片竞争格局（来源：TES 战略发展中心）

2. PC 端处理器

此类处理器本质上是使用 PC 端的显卡分析、渲染、处理虚拟现实内容，再将最终内容推送到输出端。目前市面上的 PC 端虚拟现实设备分为两种，一种是正常的家用计算机，配合软件推流实现（如 HTC Vivi 系列），另一种为部分虚拟现实厂家基于 UNIX 等系统定制的计算机（如 PSVR1 和 Zspace）。

此类设备因使用计算机处理器进行渲染，所以能输出更高分辨率的内容，具有更好的性能展示效果。但是，实现从 PC 端推流到输出设备的过程存在两个问题：一无论是使用数据线串流还是使用无线模组串流，都会存在延迟以及画质损耗；二是 PC 端本身位置的限制使可活动距离和位置受限。

3.3 典型虚拟现实设备

VR 硬件发展趣谈

如表 3-1 所示，虚拟现实设备有不同的分类标准，本节对典型的几类虚拟现实设备进行介绍，此处请读者留意两点：一是分类的依据是沉浸式与半沉浸式、处理器的方式等多方面［因此对于移动式虚拟现实设备（插入手机）也一并归入 VR 一体机］；二是新技术不断迭代，各厂商争夺行业话语权，导致虚拟现实设备的名称或者分类纷繁复杂。因此，在学习过程中可以对照 3.2 节内容进行理解，基于虚拟现实设备的本质对其进行区分。

表 3-1 虚拟现实设备的分类（来源：平安证券研究所）

分类	移动式虚拟现实设备	分体式虚拟现实设备	虚拟现实一体机
示意图			
CPU	无	无	有

45

续表

分类	移动式虚拟现实设备	分体式虚拟现实设备	虚拟现实一体机
售价区间/美元	10~200	300~1 000	300~1 500
特点	便宜， 需搭配手机使用	需外接 PC 设备， 享受 PC 平台内容红利	内嵌 CPU 处理器， 交互自由
发展瓶颈	内容少，体验差， 属于入门过渡性产品	对外接设备性能要求高， 交互受连接线束缚	厚重， 综合性能仍有待提升
典型产品	谷歌 Cardboard、三星 Gear VR	HTC Vive、索尼 PSVR	Oculus Quest 2、Pico 4

3.3.1 VR 一体机

VR 一体机是指将移动端芯片嵌入设备本身的一类虚拟现实设备，它具有便携、使用方便的特点。如图 3-15 所示，VR 一体机可以简单地分为：光学模组、芯片（处理中心）、感知交互部件、显示部件、其他零部件。

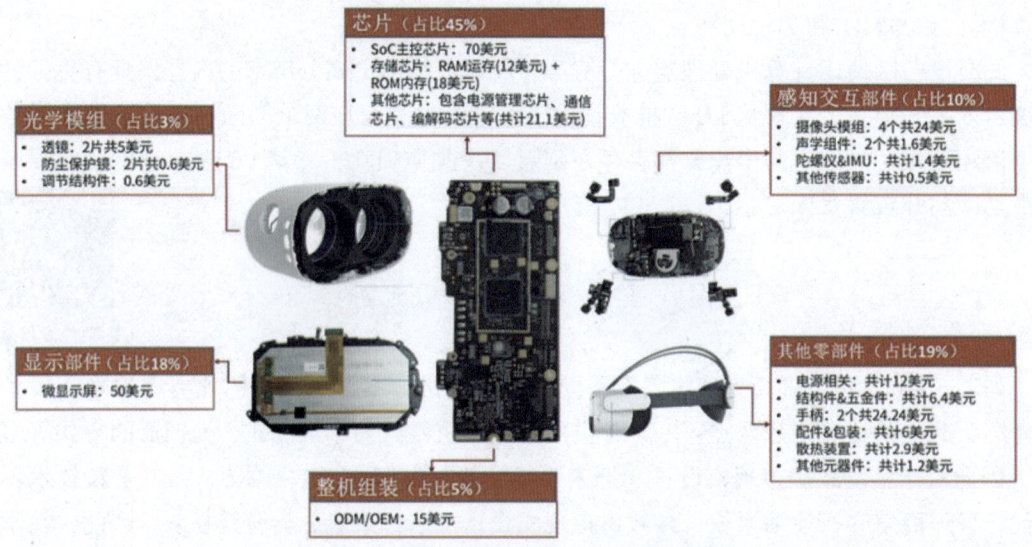

图 3-15 某 VR 一体机的部件组成和价值占比

目前市面上常见的 VR 一体机有 Pico 系列、HTC Vive Focus 系列和 Oculus 系列。

1. Pico 系列

Pico 是一家虚拟现实软/硬件研发制造商，致力于虚拟现实软/硬件的研发和虚拟现实内容及应用的打造，为用户提供端到端的产品与服务全体验。Pico 已经研发的产品有 Goblin VR 一体机、Pico U VR 眼镜以及 Tracking Kit 追踪套件等。特别是 2021 年被著名互联网公司"字节跳动"收购后，其业务实现了从软/硬件升级到内容生态创新，促使了一些虚拟现实智能硬件前沿技术也得到了更快落地应用。

Pico 公司于 2022 年迅速推出了代表作 Pico 4。其标准版售价仅需 2 500 元，性价比较高。当前 Pico VR 一体机中较为流行的产品包括 Pico Neo3 和 Pico 4 系列,如图 3-16 所示。下面以 Pico 4 标准版为例分析其性能特点。

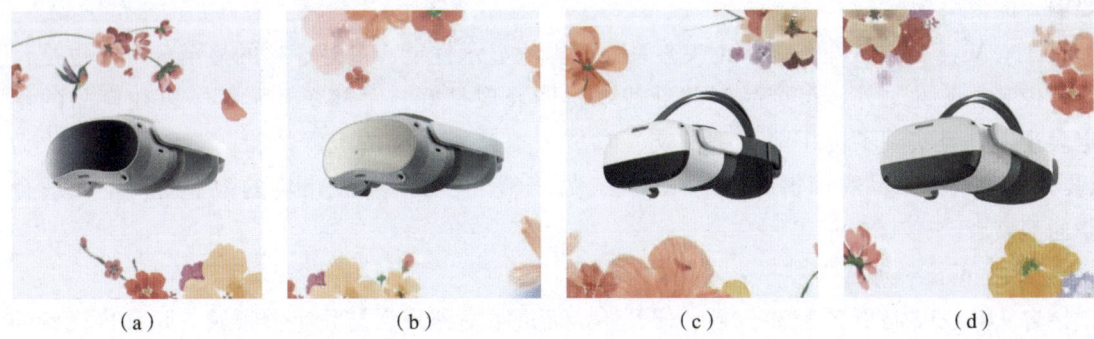

图 3-16 Pico VR 一体机系列
(a) Pico 4; (b) Pico 4 Enterprise; (c) Pico Neo 3; (d) Pico Neo 3 Pro/Pro Eye

(1) 运算性能：CPU 为 7 nm 制程的高通骁龙 XR2,最高主频为 2.8 GHz；RAM 内存为 8 GB,ROM 内存为 128 GB/256 GB；系统平台为 Pico OS 5.0；电池容量为 5 300 mA·h。

(2) 显示性能：双眼分辨率可达 4 320 像素 × 2 160 像素（单眼 2 160 像素 × 2 160 像素），每英寸像素（PPI）可达 1 200；屏幕刷新率为 72 Hz/90 Hz（默认 72 Hz）；水平视场角为 105°；透镜模组使用的是最新的 Pancake 方案。

(3) 交互特点：头部含顶部绑带，整体质量为 586 g,偏轻；含双耳立体扬声器,支持 3D 空间音效；采用新型交互手柄,设计合理,跟踪准确,续航能力强；企业版还支持眼球跟踪与面部识别,但售价也相对提升。

2. HTC Vive Focus 系列

HTC 是虚拟现实头显设备的著名厂商,旗下有 PCVR 系列 HTC Vive 以及 VR 一体机系列 HTC Vive Focus,其中 HTC Vive Focus 系列如今已更新到了 HTC Vive Focus 3,如图 3-17 所示。

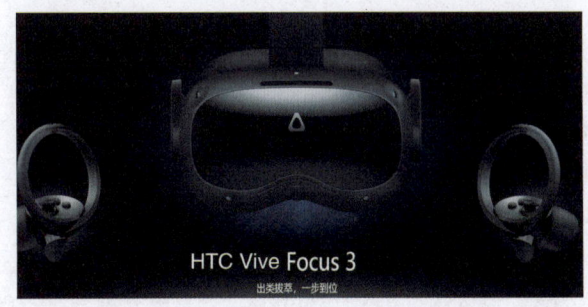

图 3-17 HTC Vive Focus 3 产品示意

(1) 运算性能：CPU 为高通骁龙 XR2；RAM 内存为 8 GB,ROM 内存为 128 G,支持扩充 2 TB microSD 卡。

(2) 显示性能：单眼分辨率可达 2 448 像素 × 2 448 像素；屏幕刷新率为 90 Hz；水平视场角为 120°。

(3) 交互特点：头部含手柄的整体质量为 771 g，偏轻；内置 26.6 W·h 的电池并可支持拆卸和更换，续航能力强；另外支持纯手势识别，也支持面部表情跟踪和眼球跟踪，但需要额外的模块支持。

HTC Vive Focu 3 延续了 VR 头盔系列优秀的显示性能，高达 5 K 的显示分辨率也是行业佼佼者；除此之外，该产品佩戴舒适度整体表现良好，手部交互延续了以往产品的稳定表现，并且实现了纯手势识别的交互功能，提升了系统的沉浸体验。该款产品定位为 VR 一体机的高端品牌，售价为 9 888 元，处于整个 VR 一体机市场的中上游，不太适合普通消费者。

3. Oculus 系列

自从 Facebook 更名为 Meta 后，便开始全面进军虚拟现实与元宇宙领域，并且将设备的研发重心逐步移动到 VR 一体机上，其 Quest 系列产品长期在全球市场广受关注。在第一代 Quest 之后，还有市场上拥有较高人气的产品 Quest 2，以及面向高端市场的 Quest Pro，相关产品如图 3 - 18 所示。下面对其进行对比分析，见表 3 - 2。

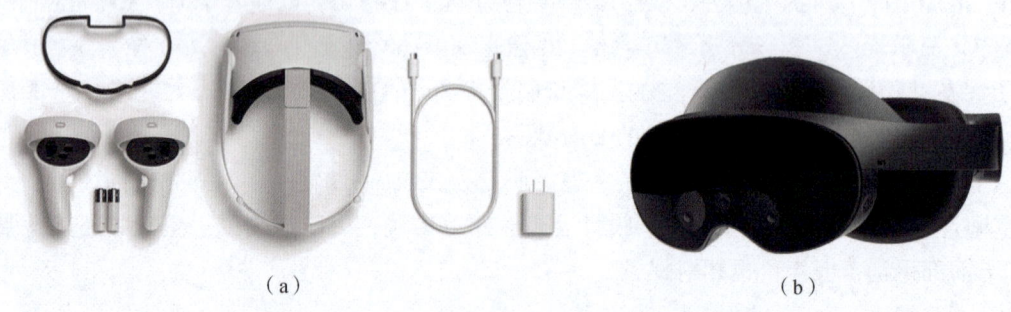

（a） （b）

图 3 - 18 Oculus 系列产品（来源：Oculus 官网）

（a） Oculus Quest 2；（b） Oculus Quest Pro

表 3 - 2 Oculus Quest 2 与 Oculus Quest Pro 性能对比

产品型号	Oculus Quest 2	Oculus Quest Pro
运算性能	处理器：高通骁龙 XR 2 RAM：6 GB ROM：128 GB 电池续航：2~3 h	处理器：高通骁龙 XR 2 + RAM：12 GB ROM：256 GB 电池续航：1~2 h
显示性能	单眼分辨率：1 832 像素 × 1 920 像素（一块 LCD） 水平视场角：96° 屏幕刷新率：72/90/120 Hz 透镜：菲涅尔透镜 外景透视：黑白	单眼分辨率：1 800 像素 × 1 920 像素（两块 LCD） 水平视场角：106° 屏幕刷新率：72/90 Hz 透镜：Pancake 方案 外景透视：全彩

续表

产品型号	Oculus Quest 2	Oculus Quest Pro
交互特点	质量：503 g 手柄：带跟踪圈 无眼球跟踪 无面部表情识别 无压敏笔笔尖	质量：722 g 手柄：无跟踪圈，自带由内向外跟踪 有动态眼球跟踪 支持面部表情识别 有压敏笔笔尖
价格	从 300 美元升至 400 美元，约合人民币 2 800 元	起售价定为 1 500 美元，约合人民币 10 500 元

从性能上看，Oculus Quest 2 与 Pico 4 相似，但是 Oculus Quest 2 最大的特点是其具有良好的生态环境，其旗下对应的商店内容较为丰富，这也是许多用户购买 Oculus Quest 2 的主要原因。

3.3.2 PCVR

典型的 PCVR 基于个人计算机的控制与运算中心，虚拟现实设备作为输入与输出设备，如前文所介绍，因为控制与运算能力由 PC 提供，所以通常使用带有传感器和控制器的头戴式显示器，即 VR 头盔。这种系统可以为用户提供高保真度的虚拟现实体验。典型的 PCVR 通常包括 PC 主机、VR 头盔、传感器、手柄或者控制器，如图 3-19 所示。

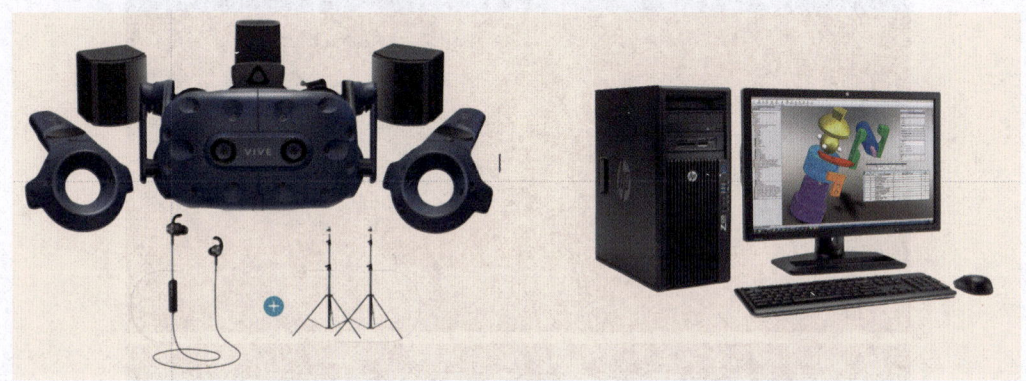

图 3-19 典型的 PCVR 由 PC 设备和虚拟现实设备共同组成

此类设备的特点是内容显示与计算渲染分开。VR 头盔只完成相关头部、手部的三维信息采集，视觉内容显示；数据的计算处理以及虚拟场景的渲染由配套的 PC 主机完成，并通过数据串流盒传至 VR 头盔当中并显示，VR 头盔更多地充当视觉类输出设备。典型的 PCVR 包括 HTC Vive 系列和 Oculus Rift S 系列，以及索尼的 PSVR。

1. HTC Vive 系列

HTC Vive 系列是市场上销量最高的 PCVR 产品，也是应用内容最多的 VR 头盔之一，如图 3-20 所示。

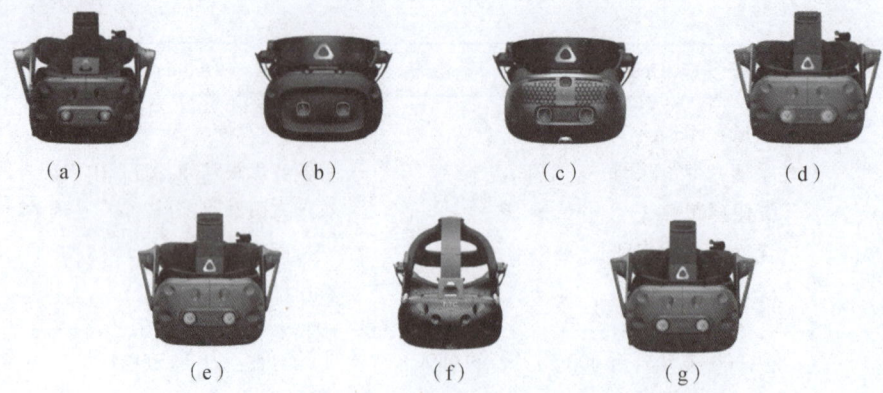

图 3-20 HTC Vive 系列产品

(a) HTC Vive Pro 2；(b) HTC Vive Cosmos 精英套装；(c) HTC Vive Cosmos；(d) HTC Vive Pro Eye；
(e) HTC Vive Pro 专业版头显/Pro 专业版基础套装；(f) HTC Vive；(g) HTC Vive Pro

HTC Vive 系列分为有基站类型和无基站类型。有基站类型包括第一代 HTC Vive 以及 HTC Vive Pro 系列，如图 3-21 所示。无基站类型则是 HTC Vive Cosmos。有定位基站的设备在头盔和手柄的位姿跟踪上更加稳定，不会有累积误差或偏移，但也需要占用一定的空间进行布置。在这些设备中，性能最好的是 HTC Vive Pro 系列，下面以 HTC Vive Pro 2 为例分析这一类产品的性能与优势。

图 3-21 HTC Vive Pro 及其参数

以显示性能来说，此设备支持 5K 分辨率，单眼分辨率可达 2 448 像素 ×2 448 像素；具有 120°水平视场角、120 Hz 刷新率、双 RGB 低余晖 LCD 屏幕。此设备佩戴方便，可调节大小；质量中等；耳机封盖包裹性良好；眼部包裹性良好，漏光率低，舒适度一般（易产生压痕)。其配套附件较多。显然其缺点也十分明显，本身高昂的售价配上一台可以支撑此设备的计算机使其普及程度并不高。

2. Oculus Rift S

Oculus Rift 是 Oculus 公司旗下的 PCVR 系列设备，其中 Oculus Rift S 为其代表产品，如图 3-22 所示。

图 3-22 Oculus Rift S 产品示意

此设备显示分辨率可达 2 560 像素×1 440 像素；具有 100°水平视场角、80 Hz 刷新率、双 RGB LCD 屏幕。此设备佩戴方便，可调节大小；质量中等；眼部包裹性良好，舒适度较高。Oculus Rift S 是一款无基站类型的 VR 头盔，是一款以性能换成本的产品，其显示分辨率略显不足，但却有较低的价格（2022 年官方发行价为 400 美元，约合人民币 3 000 元），是一款优秀的 C 端产品。

3.3.3 桌面式虚拟现实系统

桌面式虚拟现实系统，也称为窗口式系统，还有人称之为非沉浸式虚拟现实系统（Non-Immersive VR System）。这类系统往往是基于 PC 平台的小型桌面虚拟现实系统，即使用 PC 或图形工作站作为仿真运算中心，以屏幕作为用户观察虚拟环境的窗口，键盘、鼠标、操纵杆或触摸屏等设备则成为虚实交互设备。

在原有的桌面仿真中，向系统加入立体眼镜，并对显示器与显示内容进行特殊处理，便可以实现一种桌面立体视觉效果。如果再添加数据手套或者六自由度的 3D 空间鼠标（遥控笔）等设备，便可以让用户操作虚拟场景中的各种对象，并可以让用户在 360°范围内浏览虚拟世界，这便构成了桌面式虚拟现实系统。

典型的桌面 VR 一体机有 ZSpace、Monduduo EdU 3000 等产品。图 3-23 所示为 ZSpace 立体效果示意。这类系统在教育领域有较高的应用价值，在不使用虚拟现实功能时，它只是一台 PC，在使用虚拟现实功能时，它可以营造出生动、立体、深度沉浸的交互式教学情境，不仅可以提高学习的效率和教学质量，更能激发学生自主学习的积极性和探索性。

桌面式虚拟现实系统一般由具有强大运算能力的计算机、高清高刷新率显示屏、红外摄像头、3D 眼镜和红外遥控笔组成。其中，不一样的设备可能采用不一样的 3D 眼镜，例如 Monduduo EDU 系列采用分时式快门眼镜（需充电），而 ZSpace 则采用分光式偏振眼镜。对

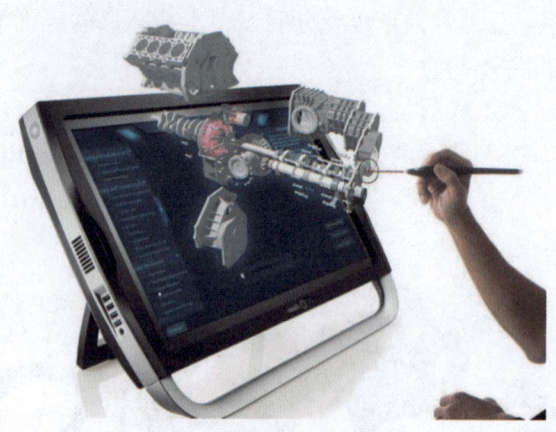

图 3-23 ZSpace 立体效果示意

应地，显示屏原理也需要与其适应，如分时式快门眼镜要求显示器与眼镜保持同频刷新，而分光式偏振眼镜则要求显示器叠加显示左、右眼画面，同时利用红外摄像头捕捉眼镜位置并调整内容显示，实现自由观察。在交互方式方面，上述两款桌面式虚拟现实系统都使用红外触控笔，这仍然是类似鼠标按键的交互方式，同时利用数据线与红外线捕捉红外触控笔的位姿，进而实现多自由度的交互。

在这些技术的基础上，将显示屏尺寸做大，再添加多副 3D 眼镜，同时对显示屏与显示内容进行处理，包括同频调整、光栅处理等操作，便可以让桌面式虚拟现实系统变成支持多人交互的虚拟现实系统，如图 3-24 所示。

图 3-24 多人交互虚拟现实效果示意

【思考与巩固】

请利用发放给自己的设备仔细体验，充分了解设备的各种性能，在对应内容平台上挖掘更多有趣的产品，或者创造属于自己的虚拟现实应用，然后思考并回答以下问题。

（1）在什么情况下你会主动购买虚拟现实设备？

（2）你会选择购买哪款虚拟现实设备？为什么？

（3）和同学们讨论，假设虚拟现实设备进一步发展，虚拟现实设备厂商还需要做哪些工作？如果你是虚拟现实设备的用户，你认为有什么因素会影响你购买虚拟现实设备？

【实践与展示】

（1）尝试制作一个 Cardboard，并体验佩戴效果。

（2）利用手机和简单的材料，制作简单的全息投影装置，如图 3-25 所示。

图 3-25　简单的全息投影装置

第四章

虚拟现实+行业典型应用案例

国家工业和信息化部、教育部、文化和旅游部、国家广播电视总局、国家体育总局等五部门于 2022 年 11 月联合发布《虚拟现实与行业应用融合发展行动计划（2022—2026 年）》（工信部联电子〔2022〕148 号，以下简称《行动计划》）。《行动计划》的总体要求是以习近平新时代中国特色社会主义思想为总体指导，全面贯彻党的二十大精神，立足新发展阶段，完整、准确、全面地贯彻新发展理念，构建新发展格局，顺应新一轮科技产业革命和数字经济发展趋势，以高质量发展为主题，以供给侧结构性改革为主线，以虚拟现实核心软/硬件突破提升产业链韧性，以虚拟现实应用融合创新构建生态发展新局面，以虚拟现实新业态推动文化经济新消费，为制造强国、网络强国、文化强国和数字中国建设提供有力支撑，不断满足人民群众对美好生活的需要。

我国对虚拟现实技术在行业领域的应用已探索多年。自工业和信息化部于 2018 年发布《关于加快推进虚拟现实产业发展的指导意见》后，经过多年的发展实践，已积累了大量成功的虚拟现实＋行业典型应用案例。本章通过对《行动计划》中虚拟现实技术在工业生产、文化旅游、融合媒体、教育培训、体育健康、商贸创意、演艺娱乐、安全应急、残障辅助、智慧城市十大领域多场景应用融合推广工程进行收集、分析与总结，提炼出教育培训、文娱综合、体育健康、智能制造、智慧城市、特殊场景六大产业领域的典型应用案例，提高学生对虚拟现实与各行业应用融合发展的认识。本章内容结构如图 4-1 所示。

【知识目标】

（1）掌握虚拟现实＋行业应用领域的分类。

（2）了解虚拟现实＋行业应用的典型案例分析。

（3）理解虚拟现实＋行业应用场景的融合创新特征。

【能力目标】

（1）熟悉虚拟现实＋行业应用的主要范畴及类别。

（2）在分析虚拟现实＋行业典型应用案例时，能够从行业现状、应用领域和应用内容等方面入手。

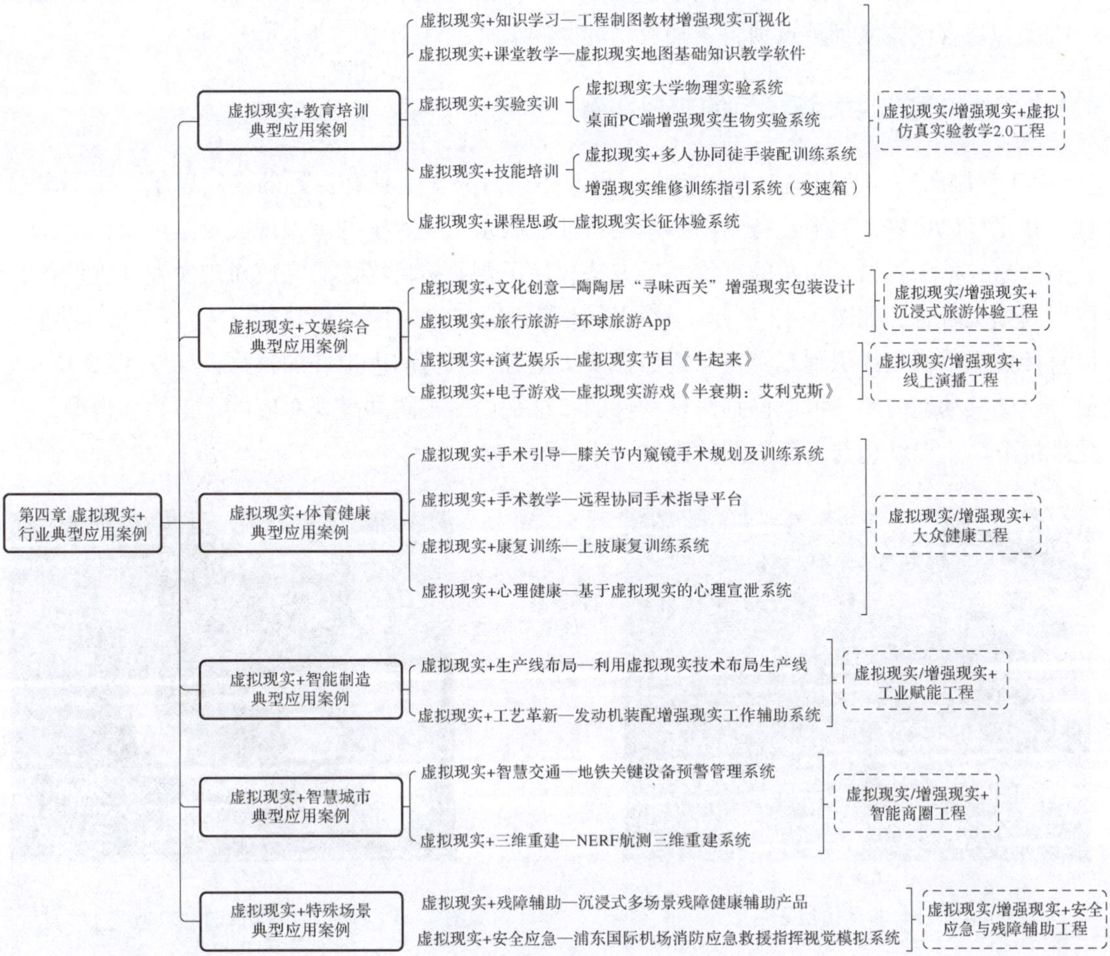

第四章　虚拟现实 + 行业典型应用案例

```
                                    ┌ 虚拟现实+知识学习——工程制图教材增强现实可视化
                                    │ 虚拟现实+课堂教学——虚拟现实地图基础知识教学软件       ┌ 虚拟现实/增强现实+虚拟
                    ┌ 虚拟现实+教育培训 ┤ 虚拟现实+实验实训 ┬ 虚拟现实大学物理实验系统        │  仿真实验教学2.0工程
                    │   典型应用案例    │                 └ 桌面PC端增强现实生物实验系统    └
                    │                  │ 虚拟现实+技能培训 ┬ 虚拟现实+多人协同徒手装配训练系统
                    │                  │                 └ 增强现实维修训练指引系统（变速箱）
                    │                  └ 虚拟现实+课程思政——虚拟现实长征体验系统
                    │
                    │                  ┌ 虚拟现实+文化创意——陶陶居"寻味西关"增强现实包装设计  ┌ 虚拟现实/增强现实+
                    │ 虚拟现实+文娱综合  │ 虚拟现实+旅行旅游——环球旅游App                    │  沉浸式旅游体验工程
                    ┤   典型应用案例    ┤                                                   └
                    │                  │ 虚拟现实+演艺娱乐——虚拟现实节目《牛起来》         ┌ 虚拟现实/增强现实+
  第四章 虚拟现实+   │                  └ 虚拟现实+电子游戏——虚拟现实游戏《半衰期：艾利克斯》 │  线上演播工程
  行业典型应用案例   │                                                                      └
                    │                  ┌ 虚拟现实+手术引导——膝关节内窥镜手术规划及训练系统
                    │ 虚拟现实+体育健康  │ 虚拟现实+手术教学——远程协同手术指导平台           ┌ 虚拟现实/增强现实+
                    ┤   典型应用案例    ┤                                                   │  大众健康工程
                    │                  │ 虚拟现实+康复训练——上肢康复训练系统               └
                    │                  └ 虚拟现实+心理健康——基于虚拟现实的心理宣泄系统
                    │
                    │ 虚拟现实+智能制造  ┌ 虚拟现实+生产线布局——利用虚拟现实技术布局生产线   ┌ 虚拟现实/增强现实+
                    ┤   典型应用案例    ┤                                                   │  工业赋能工程
                    │                  └ 虚拟现实+工艺革新——发动机装配增强现实工作辅助系统 └
                    │
                    │ 虚拟现实+智慧城市  ┌ 虚拟现实+智慧交通——地铁关键设备预警管理系统      ┌ 虚拟现实/增强现实+
                    ┤   典型应用案例    ┤                                                   │  智能商圈工程
                    │                  └ 虚拟现实+三维重建——NERF航测三维重建系统          └
                    │
                    │ 虚拟现实+特殊场景  ┌ 虚拟现实+残障辅助——沉浸式多场景残障健康辅助产品  ┌ 虚拟现实/增强现实+安全
                    └   典型应用案例    ┤                                                   │  应急与残障辅助工程
                                       └ 虚拟现实+安全应急——浦东国际机场消防应急救援指挥视觉模拟系统
```

图 4-1　第四章内容结构

【素养目标】

通过掌握并深入分析虚拟现实 + 行业典型应用案例，注重虚拟现实应用开发过程的创新性和实践性、审美性和文化性；提升虚拟现实产品业务分析能力，发散虚拟现实技术在各行业应用实践中的创新能力。

4.1　虚拟现实 + 教育培训典型应用案例

VR 在教育
行业应用

虚拟现实在教育培训领域的应用，是指在中小学校、职业院校、高等院校建设一批虚拟现实课堂、教研室、实验室与虚拟仿真实训基地，面向实验性与联想性教学内容，开发一批基于教学大纲的虚拟现实数字课程，强化学员与各类虚拟物品、复杂现象与抽象概念的互动实操，推动教学模式向自主体验升级，打造支持自主探究、协作学习的沉浸式新课堂。服务国家重大战略,推进"虚拟仿真实验教学2.0",支持建设一批虚拟仿真实验实训重点项目,加快培养紧缺人才。

4.1.1 虚拟现实+知识学习的应用案例

"工程制图"作为机电专业的核心课程,往往需要学生具有良好的空间思维,使用虚拟现实技术可以更好地展示设备的内外结构特征。广东工业大学的虚拟现实及其可视化研究团队通过研究基于单目摄像头的三维注册方法,使用普通单目摄像头完成对现实发动机设备的注册与虚实融合,如图4-2所示。该团队还将相关技术应用到移动端(Android),学生可以直接使用手机扫描识别真实发动机后在手机上看到对应的虚拟叠加模型,如图4-3所示。另外,该移动端应用还可以识别机械物件的二维平面三视图并呈现对应的虚拟物件模型,有效地提升学生对结构与工程制图的理解。

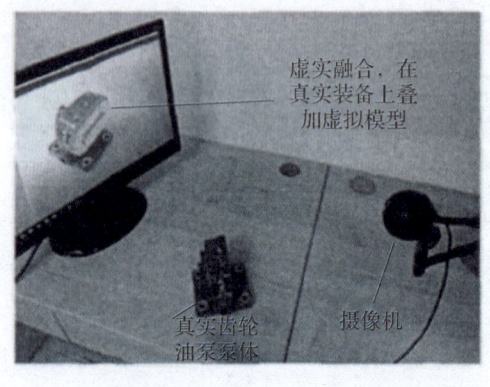

图4-2 PC端的虚实融合效果

图4-3 移动端的虚实融合效果

4.1.2 虚拟现实+课堂教学的应用案例

在地图制图技术专业人才培养中,地图基础知识是教师教学中的难点。广东工贸职业技术学院的测绘专业教师利用桌面VR一体机Zspace开发了虚拟现实地图基础知识教学软件,学生可以使用该软件来对地球坐标系、经纬线、等高线等知识进行学习,如图4-4所示。该软件配套了知识动画展示、语音讲解,还可以使用立体显示与交互工具对虚拟模型进行多角度观察、剖面观察、抓取移动等交互。该软件还设计有考核模式,可以让学生在完成理论学习后快速地进行知识考核巩固。该软件在实际应用中有效地提高了地图基础知识的教学质量。

4.1.3 虚拟现实+实验实训的应用案例

1. 虚拟现实大学物理实验系统

虚拟现实应用突破了时空的限制,也摆脱了对现实器材与物品的依赖,因此在实验实训中的应用价值颇高。广东工贸职业技术学院的虚拟现实研发团队设计了基于VR一体机的虚

图 4–4　虚拟现实地图基础知识教学软件

拟现实大学物理实验系统，学生通过佩戴 VR 眼镜，可以身临其境般地置身在虚拟物理实验室中并借助 VR 手柄进行实验交互。

如图 4–5 所示，学生正在进行大学物理中的示波器使用实验，学生可以在黑板导航栏中看到该实验的理论知识和步骤提示等内容，同时学生可根据实验仪器的特征进行交互操作，并在对应的示波器上观察不同的波形。该系统既摆脱了对实验环境与设备的依赖，也可以支持学生反复进行实验训练来熟悉该实验的操作，同时良好的沉浸感也可以满足实验实训仿真的真实感需求。

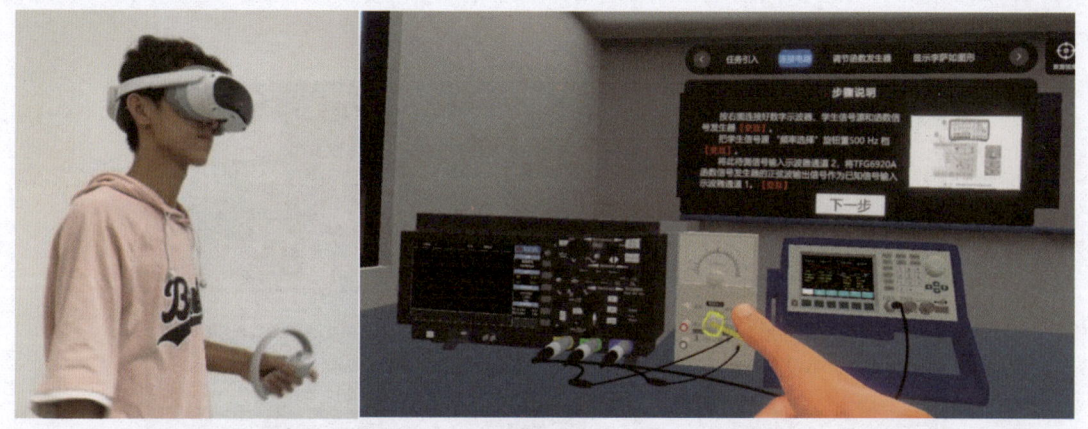

图 4–5　虚拟现实大学物理实验系统

2. 桌面 PC 端增强现实生物实验系统

中学生物实验是培养青少年科学素养、提升知识理解的关键手段，但这类实验存在准备时间长、内容烦琐、效果不易实现、安全性要求高等问题，这是开展实验教学的痛点。广东工业大学虚拟现实及其可视化研究团队在参与国家重点研发项目时设计了基于 PC 的桌面增强现实生物实验系统来解决这个问题，如图4-6所示。不同于虚拟现实实验，使用该系统时不需要佩戴任何设备，只需要在传统的PC上配套相关识别摄像头，便可在桌子上定位并生成虚拟的实验器材，而用户则直接用手操作这些虚拟器材并完成实验。在此过程中，用户在PC显示器上可以同步看到整个实验的虚实融合效果与实验操作反应。

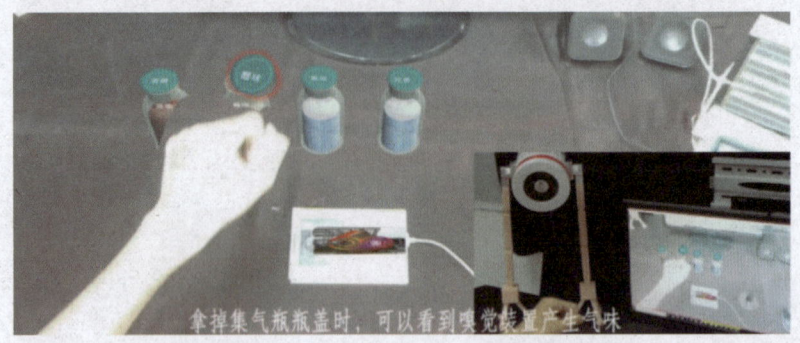

图4-6 桌面PC端增强现实生物实验系统

4.1.4 虚拟现实+技能培训的应用案例

1. 虚拟现实+多人协同徒手装配训练系统

员工的技能培训是企业培养和考核技能人才的重要项目，在制造业领域，装配工作是生产环节的重要内容。广东工业大学的虚拟现实及其可视化研究团队研发了沉浸式的虚拟现实+多人协同徒手装配训练系统。在该系统中，用户通过佩戴VR头盔来观看装配场景与虚拟工件，同时可以直接使用双手（基于手势识别算法）对场景内的虚拟工件进行抓取、搬运等交互操作，如图4-7所示。除此之外，该系统还支持多人协同装配训练，用户通过TCP/IP实现联机，并可共同在虚拟装配车间内协同装配，符合实际生产环节中协同训练的要求，充分锻炼了用户的装配技能。

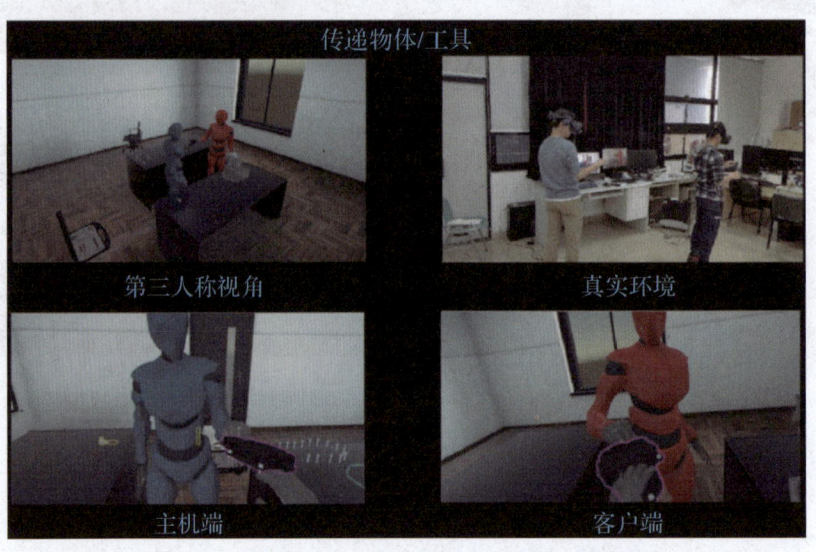

图4-7 虚拟现实+多人协同徒手装配训练系统

2. 增强现实维修训练指引系统（变速箱）

维修工作是维持实际生产活动正常运行的关键环节，对于生产设备或产品而言，故障的检测和排除内容数量多且复杂，需要工程师将产品维修手册的内容熟记于心。在实际生产中有些故障是难以实际模拟的，可以借助虚拟现实技术来模拟或复现各式各样的故障情况，使用户可以充分锻炼相关的维修技能。如图 4-8 所示，广东工业大学的虚拟现实及其可视化研究团队开发的基于 Hololens 的增强现实维修训练指引系统，通过 VR 眼镜可以识别真实的变速箱模型，同时在 VR 眼镜端显示相关的叠加信息，如指导用户进行相关部件的拆卸并完成训练。

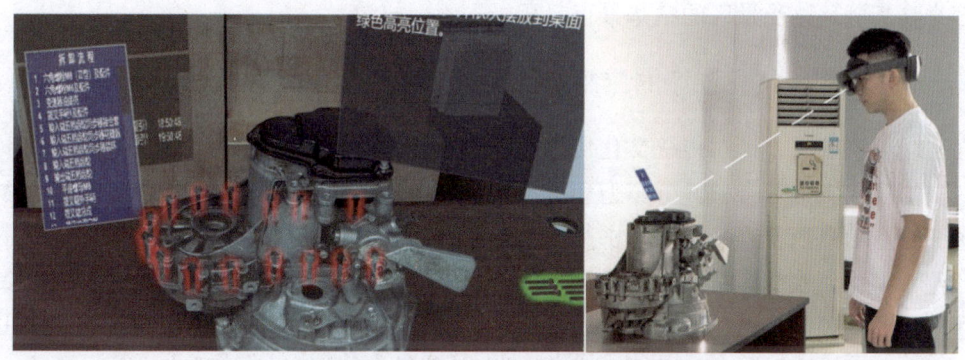

图 4-8 增强现实维修训练指引系统（变速箱）

4.1.5 虚拟现实+红色思政的应用案例

在北京理工大学虚拟仿真思政实训中心，学生可以在"行课堂"中体验长征过雪山的故事，如图 4-9 所示。学生佩戴 VR 眼镜后可以沉浸式体验先辈们当年的长征之路，学生看到的画面内容在大屏幕中同步显示，配合老师的讲解可以让学生更加充分地感受长征精神。

图 4-9 虚拟现实长征体验系统（来源：北京理工大学虚拟仿真思政实训中心）

4.2 虚拟现实+文娱综合典型应用案例

虚拟现实技术在文娱综合领域的应用，是指通过文化内容的数字化加工及沉浸式体验，为观众带来前所未有的临场感、真实感、沉浸感，使传统文

VR 在文娱行业应用

化和娱乐内容获得全面升级，使地方文化旅游资源获得开发和重新激活。虚拟现实在文娱综合领域提供全新的交互方式，能够为文化内容的创作提供全新的功能，将虚拟内容以更具象化的方式呈现给观众，并大幅提升表现能力，增强文化传播效果，提升娱乐体验。

从国内外虚拟现实+文娱综合典型应用案例对比来看，国外的虚拟现实主题公园及乐园应用较为领先，其主要为真人与虚拟影像共演的混合现实应用、娱乐设备和虚拟现实设备共生的4D体验应用，及以万向步行机和VR头盔结合的体感娱乐应用。国内以文旅元宇宙为切入点，地方政府、机构与龙头企业进行试点合作，打造元宇宙城市、元宇宙文化旅游体验中心，利用虚拟现实/增强现实、裸眼3D、全息影像、数字虚拟人等元宇宙领域前沿技术，让游客身临其境地感受景区的精华景点，积极探索云旅游。

4.2.1 虚拟现实+文化创意的应用案例

在文化创意领域，针对传统文化传播中体验互动性有限、社交性不足、体验形式单一等问题，虚拟现实支持融合型、分享型和沉浸型数字内容与服务，有助于围绕信息技术融合创新应用，打造信息消费升级，培育中高端消费领域新增长点。虚拟现实技术数字化赋能文化实体产业，深化商旅文体协同，提升综合体、消费者和商户的获得感，是满足人民群众对美好生活的需要的关键技术，能对非物质文化遗产传承与保护起到数字化层面的积极作用。如图4-10所示，陶陶居"寻味西关"增强现实包装设计，通过增强现实技术，对传统岭南文化如西关大屋、镬耳屋、木棉花等元素进行创新设计和增强现实技术实践应用，活化了传统文化，激活了新的商业模式，获得了年轻人的关注和追捧。

图4-10 陶陶居"寻味西关"增强现实包装设计

4.2.2 虚拟现实+旅行旅游的应用案例

虚拟现实旅游通过构建与现实一致的虚拟三维旅游景点来实现用户足不出户便可周游世界的梦想，在VR一体机设备Quest 2中便有一款由Brink XR公司开发的环球旅游App（图4-11），用户可以借助相应设备体验多个著名的景点。国内也有如漫游故宫、数字故宫博物院等App。通过环球旅游App，用户借助虚拟现实设备，在家中便可以在乐山大佛漫游，真切地感受历史文化的冲击。

图 4–11　环球旅游 App（来源：Oculus 官网）

4.2.3　虚拟现实+演艺娱乐的应用案例

虚拟现实技术在演艺娱乐方面的应用主要包括通过数字手段对现场直播舞台背景进行艺术加工，使观众能够身临其境，甚至与节目中的人物进行互动。如图 4–12 所示，中央电视台 2021 年春节联欢晚会节目《牛起来》利用虚拟现实和增强现实技术，将中国香港演员虚拟成像至直播现场，与现场真实舞台背景融合在一起，使两地演员不受时空、场地限制进行同屏演出，达到增强舞台表现力和感染力的目的。

图 4–12　中央电视台 2021 春节联欢晚会节目《牛起来》（来源：中央电视台官网）

4.2.4　虚拟现实+电子游戏的应用案例

在电子游戏方面，成熟的受众群体以及玩家对于新技术的积极态度使虚拟现实游戏成为文娱休闲领域的市场重点。如图 4–13 所示，Valve 公司推出的首款虚拟现实游戏《半衰期：艾利克斯》成为 2020 年虚拟现实游戏爆款，该游戏在物品场景互动性、画面细节拟真度和真实的物理引擎等方面优点显著，为 Steam VR 平台新增百万用户，开创了虚拟现实游戏新纪元，起到了里程碑式的作用。

图 4-13 虚拟现实游戏《半衰期：艾利克斯》

4.3 虚拟现实+体育健康典型应用案例

VR 在体育行业应用

虚拟现实技术在体育健康领域的应用，是在"大体育、大健康"的发展需求中发展的，包括体育用品、运动设施、健身软件及平台，它们在不同的场景和环境中满足多元的体育运动需求，提供虚拟的数字化、沉浸化、智能化的新型体育解决方案。另外，虚拟现实技术在医学健康场景中的应用包括医学教育、临床诊治、康复护理、成瘾戒断、心理辅导、关怀探视、手术导航等。

从国内外虚拟现实+体育健康典型应用案例对比来看，国外的医学健康及保健市场规模庞大，国内相关市场在行业逐渐成熟的大环境中，增速趋平缓，总体区别不大。在体育健康领域，得益于人们健身意识的增强，在参加线下实体健身课程时间不足的前提下，虚拟现实+体育健康应用的市场规模增速提高。

4.3.1 虚拟现实+手术引导的应用案例（一）

膝关节内窥镜手术是重要的检查诊断方法和治疗手段，同时具备较高的手术风险。虚拟现实技术可以为手术前规划提供方案验证支持，也可通过反复训练来提高医生的操作技能水平，是保证手术成功率的有利手段。如图 4-14 所示，广东工业大学的虚拟现实及其可视化研究团队设计了一套膝关节内窥镜手术规划及训练系统。为了更好地模拟手术过程中的力反馈效果，该系统设计了对应的原型装置，该装置通过万向节机构模拟手术刀的自由操作，通过传感器以及多个伺服电动机并根据仿真中系统受力模型的实时结算分析来对仿真过程提供真实的触觉力反馈。图 4-15 所示为在 PC 端同步显示的仿真手术效果以及手术规划步骤。

4.3.2 虚拟现实+手术引导的应用案例（二）

远程协同手术可以提高医疗服务的质量与可及性。广东工业大学的虚拟现实及其可视化研究团队设计了一种基于混合现实头盔的远程协同手术指导平台，实习端操作场景如图 4-16 所示。在该平台中，当指导端医生和实习端医生创建协同组并实现互连后，系统会在场景初始化阶段自动激活架设在手术台旁的 Kinect 对真实患者身高进行检测，并将此数据同步给实习端和指导端的虚拟患者模型，以使其身高尺寸同真实患者匹配。图 4-17 所示为实习

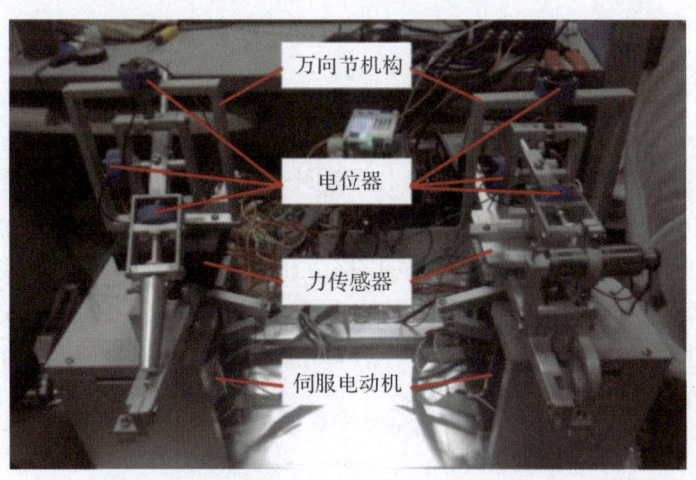

图 4-14 膝关节内窥镜手术规划及训练系统

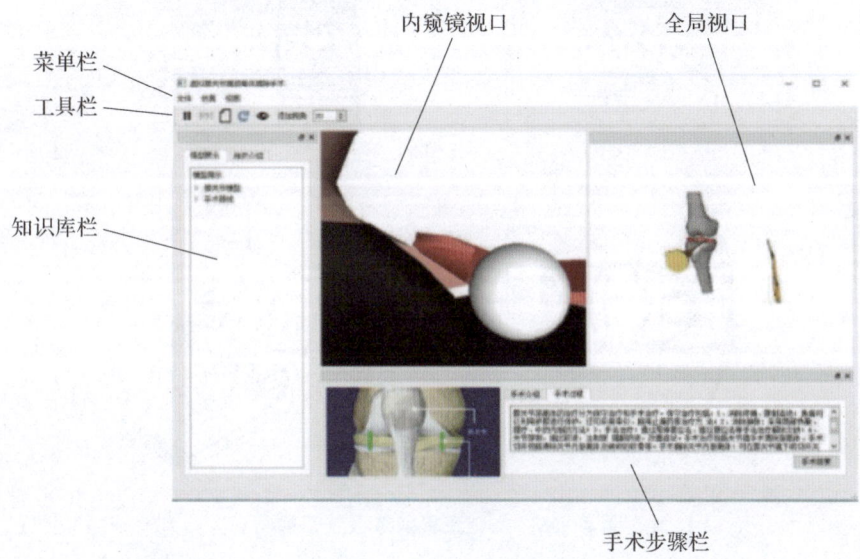

图 4-15 在 PC 端同步显示的仿真手术效果以及手术步骤规划

端虚实叠加画面,从混合现实头盔的视角观察,模拟患者和真实患者在三维空间中实现了较好的叠加。

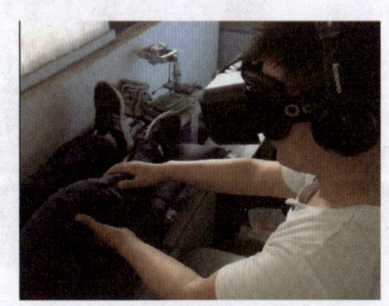

图 4-16 实习端操作场景

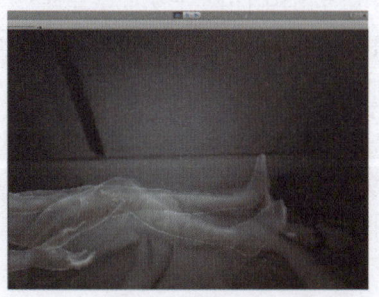

图 4-17 实习端虚实叠加画面

4.3.3 虚拟现实+康复训练的应用案例

广东工业大学的虚拟现实及其可视化研究团队自主研发的上肢康复训练系统主要由信息检索、数据采集、虚拟训练场景、训练结果反馈四个模块组成。在训练过程中,通过表面肌电采集设备和角度传感器等工具,对患者的上臂肌肉群的表面肌电数据以及肘关节弯曲角度进行数据采集。上肢康复训练系统三视图如图4-18所示。设备1是由3块同一型号的显示器拼接而成的曲面屏,用于对虚拟训练的场景进行融合。上肢康复训练系统根据传感器采集到的数据实时同步更新训练场景的数据,让患者在上肢康复训练中产生身临其境的感觉。上肢康复训练系统实物如图4-19所示。

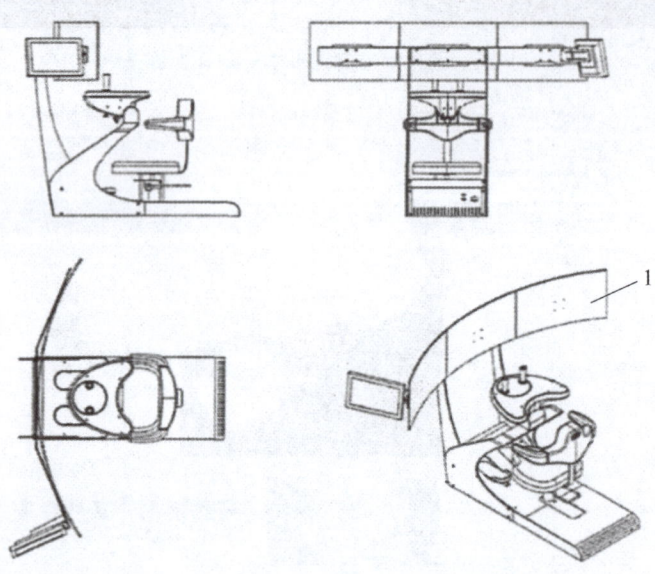

图4-18 上肢康复训练系统三视图

4.3.4 虚拟现实+心理健康的应用案例

在国内,心理医疗资源相对来说非常欠缺。广东工贸职业技术学院的师生团队开发了基于虚拟现实的心理宣泄系统,如图4-20所示。用户通过佩戴VR一体机可以进入心理宣泄治疗室,在心理宣泄治疗室中,用户可以利用VR手柄与场景中的宣泄工具进行交互,例如可以佩戴拳击手套打击沙包,也可以拿平底锅拍打沙包。在虚拟现实环境中,用户的发泄手段与工具更加丰富、自由与安全。

图4-19 上肢康复训练系统实物

第四章 虚拟现实+行业典型应用案例

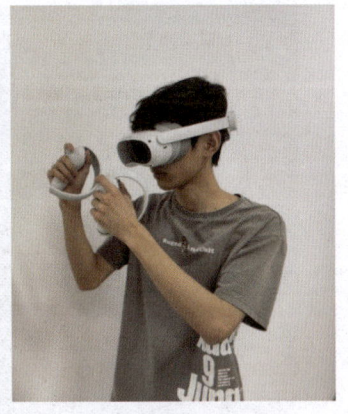

图 4–20　基于虚拟现实的心理宣泄系统

4.4 虚拟现实+智能制造典型应用案例

虚拟现实技术在智能制造领域的应用，主要是围绕工业生产的重点垂直行业，推动虚拟现实和工业互联网深度融合，支持虚拟现实技术在设计、制造、运维、培训等产品全生命周期重点环节的应用推广，强化虚拟现实技术与数字孪生模型及数据的兼容，促进工业生产全流程一体化、智能化。支持工业企业、园区利用虚拟现实技术优化生产管理与节能减排，实现提质增效降本。发展支持多人协作和模拟仿真的虚拟现实开放式服务平台，打通产品设计与制造环节，构建虚实融合的远程运维新型解决方案，打造适合先进制造技术的员工技能培训新模式，加速工业企业数字化、智能化转型。

VR 在智慧交通等行业应用

从国内外虚拟现实+智能制造典型应用案例的对比来看，国外通过软/硬件一体方式与客户企业深度合作，打造远程协作方案，以混合现实装置节省培训成本，为后期运维带来预见性维护警报、快速零件识别和容易理解的维修序列，虚拟现实与工业生产结合程度高；国内以行业政策的推动以及虚拟现实软/硬件迭代推动工业互联网市场的发展，虚拟现实技术在智能制造应用场景中得到广泛的落地。

4.4.1 虚拟现实+生产线布局的应用案例

随着产品零件的多样化，利用虚拟现实技术布局生产线，是验证规划可行性、避免失误的有效方式（图4–21）。广东工业大学的虚拟现实及其可视化研发团队设计了一种可自主布局的工业机器人实训生产线仿真系统，该系统通过建立设备的行为模型、定义设备之间的信息交互规则以及使用基于有限状态机的方法驱动行为状态，最终实现生产线的运行仿真。利用该系统可以布局工业机器人微缩生产线，进行分拣包装和焊接工序等多方面的仿真测试。测试结果表明，在生产线仿真过程中，设备之间的生产连续性强，仿真结果准确，可应用于实际生产。

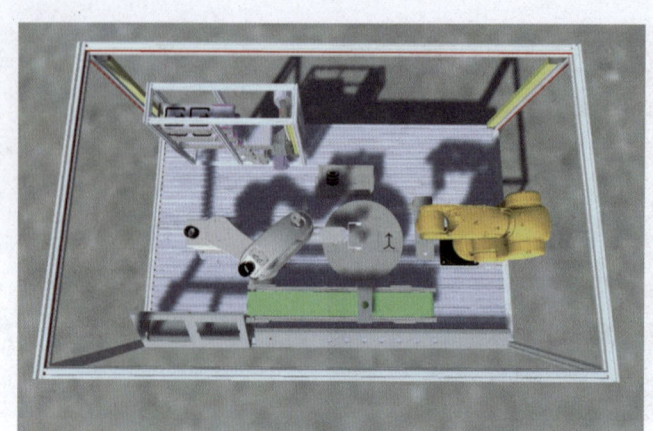

图 4-21 利用虚拟现实技术布局生产线

4.4.2 虚拟现实+工艺革新的应用案例

在工业生产领域，在不增加自动化设备和不改变工艺流程的前提下，江铃汽车集团将 Oglass AR 工业解决方案应用于江西五十铃发动机有限公司的发动机装配过程。为发动机装配过程开发了一套发动机装配增强现实工作辅助系统（Engine Assembly PSS，EA – PSS），如图 4-22 所示。该系统通过对发动机进行精确的三维模型注册跟踪和场景虚实融合显示，在装配前对零件的正确性进行核验，在装配过程中对员工的每个作业动作进行提示和检查，在装配完成后对装配的正确性进行核验，实现了该两道装配工序的零缺陷目标。

图 4-22 发动机装配增强现实工作辅助系统（来源：搜狐新闻）

4.5 虚拟现实+智慧城市典型应用案例

VR 其他行业典型应用

虚拟现实技术在智慧城市领域的应用，主要是探索虚拟现实技术在城市建设、城市治理、城乡规划等领域的融合应用，形成数字孪生城市、城市可视化管理解决方案。同时，通过推进基于用户地理位置服务（LBS）和高精度视觉定位服务（VPS）的生活助手应用，支持厘米级空间计算、多场景大规模用户实时交互。提升数字空间运营服务能力，探索室内外实景三维商业化建设模式，面向交通出行、餐饮购物、文娱休闲等场景，打造虚实融合、高效便捷的个性化智慧城市生活信息服务。

从国内外虚拟现实+智慧城市典型应用案例的对比来看，国外虚拟现实+智慧城市的实现路径比较明确，主要是通过大数据、人工智能支撑数字孪生城市建设，实现数字化城市管理、多主体互动和虚拟可视化平台，现实城市和虚拟城市的高度协同；国内在虚拟现实+智慧城市方面仍处于探索阶段，伴随支持政策的不断发布，有望在短期内实现较快的发展。同时，在虚拟现实+智慧城市的发展中，政策的支持力度与建设速度紧密相关。

4.5.1　虚拟现实+智慧交通的应用案例

地铁关键设备预警管理系统通过智能预警算法的演算配合实时的传感器数据来对地铁站的关键设备进行状态跟踪，并利用虚拟现实技术构建了对应的可视化平台，如图4-23所示。该系统可以快速地响应多个设备状态的变化，同时配有三维地铁站场景，可以帮助用户更加清晰地定位到具体故障设备，对地铁交通系统的稳定运行有一定的保障作用。

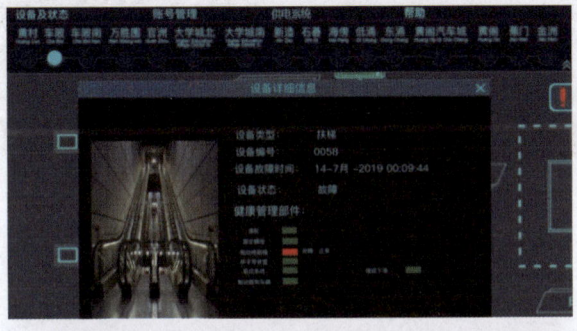

图4-23　地铁关键设备预警管理系统

4.5.2　虚拟现实+三维重建的应用案例

广东工贸职业技术学院的测绘遥感科研团队开发的NERF航测三维重建系统是具有高度实用性和精准性的三维重建软件。该系统基于先进的NERF（Neural Radiance Field）算法，能够从航拍遥感数据中快速、准确地重建真实世界的三维场景，并能够搭建虚拟现实场景模型。如图4-24所示，该系统可以帮助测绘和遥感专业人员快速获取高精度的三维地理数据，并为城市规划、资源管理、环境监测等领域提供支持。该系统的高度自动化和精确性使其成为处理大规模航拍数据的理想选择，它可以为用户提供高效、可靠的三维重建解决方案。

图 4-24　NERF 航测三维重建系统

4.6　虚拟现实 + 特殊场景典型应用案例

虚拟现实技术在特殊场景中的应用，主要指虚拟现实技术在残障辅助、运动康复、安全应急领域的应用，特别是在残障用户的出行辅助、技能训练、精神关怀和文旅休闲、社交通信、教育就业、生活购物等拓展场景的应用。通过开发适配残障弱势人群的虚拟现实设备，助力"信息无障碍"服务建设。

从国内外虚拟现实 + 特殊场景典型应用案例的对比来看，目前国内外虚拟现实在残障辅助领域的应用主要集中在视听障碍辅助和运动康复辅助领域，国外起步较早，国内正持续跟进。国外在视力低下人士辅助等方面实现了虚拟现实技术、眼球跟踪技术、自动对焦技术的应用实践；国内则通过开发轻量级 VR 眼镜，帮助听力受损人士解决沟通障碍问题。

4.6.1　虚拟现实 + 残障辅助的应用案例

华侨大学信息科学与工程学院的学生团队基于虚拟现实技术开发了沉浸式多场景残障健康辅助产品。如图 4-25 所示，该产品采用双手柄、双脚踏及其锁定结构，以传感器技术提供多自由度运动选择和协调训练模块，以及多种虚拟现实运动反馈训练模块。该产品可以根据不同残障人士的情况提供个性化辅助康复治疗方案，以及即时且真实的视觉反馈、听觉反馈等感受，进而实现认知功能障碍补偿，同时增加了通过外骨骼实现肢体康复训练的可能性。该产品不仅能够帮助残障人士体验运动，还能有针对性地辅助残障人士展开康复训练，创新性强并且效果良好，为社会弱势群体带来了新的希望，能帮助患者塑造健康的身心，重塑积极乐观的态度，具有很好的前景和社会效益。

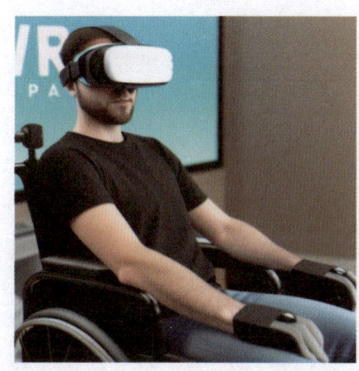 

图 4-25　沉浸式残障健康辅助产品

4.6.2　虚拟现实＋安全应急的应用案例

虚拟现实技术在安全应急领域的应用主要针对矿山安全、危化品安全、自然灾害防治、消防救援等场景。通过开展沉浸式虚拟演练，可以使安全应急演练由"以装备设施为中心"向"以用户体验为中心"转变。推动智慧警务与应急管理的信息化创新建设，探索虚拟现实智能单兵系统，实现安防综合信息的全要素集成联动。如图 4-26 所示，上海曼恒数字技术股份有限公司开发的浦东国际机场消防应急救援指挥视觉模拟系统，模拟了机场发生消防安全事故时，消防员现场进行消防应急指挥的场景。该系统解决了虚拟演练不真实的问题，减少高风险演练造成的人身伤害，降低了组织和培训成本，摆脱了演练场地的限制，解决了传统演练数据难以评估的问题。

图 4-26　浦东国际机场消防应急救援指挥视觉模拟系统

虚拟现实＋行业典型应用案例一览表见表 4-1。

表 4－1　虚拟现实＋行业典型应用案例一览表

领域大类	领域小类	设计单位	案例名称	内容	融合创新目标
教育培训	虚拟现实+知识学习	广东工业大学的虚拟现实及其可视化研究团队	工程制图教材增强现实可视化	通过基于单目摄像头的三维注册方法，使用普通单目摄像头完成对现实发动机设备的注册与虚实融合	学生可以直接使用手机扫描识别真实发动机，在手机上看到对应的虚拟叠加模型，还可以识别机械物件的二维平面三视图并呈现对应的虚拟物件模型，有效地提升学生对实结构与工程制图的理解
教育培训	虚拟现实+课堂教学	广东工贸职业技术学院的虚拟现实研发团队	虚拟现实地图基础知识教学软件	在地图制图技术专业人才培养中，地图基础知识是教师教学痛点。利用桌面VR一体机Zspace开发虚拟现实地图基础知识教学软件	学生可以使用该软件来对地球坐标系、经纬线、等高线等知识进行学习，还可以使用立体显示与交互工具对虚拟模型进行多角度观察、剖面观察、抓取移动等交互。该软件还设计有考核模式，学生在完成理论学习后快速地进行知识考核巩固。该软件在实际应用中有效地提高了地图基础知识的教学质量
教育培训	虚拟现实+实验实训	广东工贸职业技术学院的虚拟现实研发团队	虚拟现实大学物理实验系统	学生通过佩戴VR眼镜，可以身临其境般地置身在虚拟物理实验室中并借助VR手柄进行实验交互	该系统既摆脱了对实验环境与设备的依赖，也可以支持学生反复进行实验训练来熟悉该实验的操作，同时良好的沉浸感也可以满足仿真的真实感需求
教育培训	虚拟现实+实验实训	广东工业大学的虚拟现实及其可视化研究团队	桌面PC端增强现实生物实验系统	使用该系统时不需要佩戴任何设备，只需要在传统的PC上配套相关的识别摄像头，便可在某子上定位并生成虚拟的实验器材	用户可以直接使用手操作虚拟器材并完成实验，在此过程中，用户在PC显示器上可以同步看到整个实验的虚实融合效果与实验操作反应

70

续表

领域大类	领域小类	设计单位	案例名称	内容	融合创新目标
教育培训	虚拟现实+技能培训	广东工业大学的虚拟现实及其可视化研究团队	虚拟现实+多人协同徒手装配训练系统	在该系统中，用户通过佩戴VR头盔来观看装配场景与虚拟工件，同时可以直接使用双手（基于手势识别算法）对场景内的虚拟工件进行抓取、搬运等交互操作	该系统支持多人协同装配训练，用户通过TCP/IP实现联机，并可共同在虚拟装配车间内协同装配，符合实际生产环节中协同训练的要求，充分锻炼了用户的装配技能
教育培训	虚拟现实+技能培训	广东工业大学的虚拟现实及其可视化研究团队	增强现实维修训练指引系统（变速箱）	该系统模拟或复现各式各样的变速箱故障情况，用户可以充分锻炼相关维修技能	通过VR眼镜可以识别真实的变速箱模型，同时在VR眼镜端显示相关的叠加信息，如指导用户进行相关部件的拆卸并完成训练
教育培训	虚拟现实+课程思政	北京理工大学虚拟仿真思政实训中心	虚拟现实长征体验系统	通过该系统可以体验长征途中过雪山的故事等丰富的虚拟现实课程思政教育资源	学生佩戴VR眼镜后可以沉浸式体验先辈们当年的长征之路，配合老师的讲解可以让学生更加充分地感受长征精神
文娱综合	虚拟现实+文化创意	广东工贸职业技术学院的虚拟现实研发团队	陶陶居"寻味西关"增强现实包装设计	通过增强现实技术，对传统岭南文化如关大屋、镬耳屋、木棉花等元素进行创新设计和增强现实技术实践应用	活化了传统文化，激活了新商业模式，获得年轻人的关注和追捧
文娱综合	虚拟现实+旅行旅游	Brink XR公司	环球旅游App	通过构建与现实一致的虚拟三维旅游景点来实现用户足不出户便可周游世界的梦想	用户可以借助虚拟现实设备体验多个著名的景点。国内也有如漫游故宫、数字故宫博物院等App

续表

领域大类	领域小类	设计单位	案例名称	内容	融合创新目标
文娱综合	虚拟现实+演艺娱乐	中央电视台	中央电视台2021年春节联欢晚会节目《牛起来》	利用虚拟现实和增强现实技术，将中国香港演员虚拟成像至直播现场	不受时空、场地限制，加强了舞台表现力和感染力
	虚拟现实+电子游戏	Valve公司	虚拟现实游戏《半衰期：艾利克斯》	该游戏在物品场景互动性、画面细节拟真度等方面进步显著	开创了虚拟现实游戏新纪元，起到了里程碑式的作用
体育健康	虚拟现实+手术引导	广东工业大学的虚拟现实及其可视化研究团队	膝关节内窥镜手术规划及训练系统	通过虚拟现实技术为膝关节内窥镜手术前的规划提供方案验证支持，也可以通过反复训练来提高医生的操作技能水平，是保证手术成功率的有利手段	针对模拟手术过程中的力反馈效果设计了对应的原型装置，该装置通过万向节模拟手术刀的自由操作，通过传感器以及多个伺服电动机并根据仿真中系统受力模型的实时结算分析来对仿真过程提供真实的触觉力反馈
	虚拟现实+手术教学	广东工业大学的虚拟现实及其可视化研究团队	远程协同手术指导平台	在该平台中，当指导端医生和实习端医生创建协同组并实现互连后，系统会在场景初始化阶段自动激活架设在手术台旁的Kinect对真实患者身高进行检测匹配	对真实患者身高进行检测，并将此数据同步给实习端指导端的虚拟患者模型，以使其身高尺寸同真实患者匹配

72

第四章 虚拟现实+行业典型应用案例

续表

领域大类	领域小类	设计单位	案例名称	内容	融合创新目标
体育健康	虚拟现实+康复训练	广东工业大学的虚拟现实及其可视化研究团队	上肢康复训练系统	上肢康复训练系统主要由信息检索、数据采集、虚拟训练场景、训练结果反馈四个模块组成。在训练过程中,通过表面肌电采集设备和角度传感器等工具,对患者的上臂肌肉群的表面肌电数据以及时关节弯曲角度进行数据采集	该系统根据传感器采集到的数据场景的数据,让患者在上肢康复训练中产生身临其境的感觉
体育健康	虚拟现实+心理健康	广东工贸职业技术学院的虚拟现实研发团队	基于虚拟现实技术的心理宣泄系统	用户通过佩戴VR一体机可以进入心理宣泄治疗室,在心理宣泄治疗室中,用户可以利用VR手柄对场景内的一些宣泄工具进行交互	在虚拟现实环境中,用户的发泄手段与工具更加丰富,自由与安全
智能制造	虚拟现实+产线布局	广东工业大学的虚拟现实及其可视化研究团队	利用虚拟现实技术布局生产线	通过建立设备的行为模型,定义设备之间的信息交互规则以及使用基于有限状态机的方法驱动设备的行为状态,最终实现生产线的运行仿真	布局工业机器人微缩生产线,进行分拣包装和焊接工序等多方面的仿真测试。测试结果表明,在生产线仿真过程中,设备之间的生产连续性强,结果准确,可应用于实际生产
智能制造	虚拟现实+工艺革新	江铃汽车集团	发动机装配流水线辅助系统	在装配过程中对汽车发动机进行实时、可视化管理	使传统的汽车装配流水线发生改变,提高了装配效率,降低了出错率

73

续表

领域大类	领域小类	设计单位	案例名称	内容	融合创新目标
智慧城市	虚拟现实+智慧交通	广东工业大学的虚拟现实及其可视化研究团队	地铁关键设备预警管理系统	该系统通过智能预警算法的演算配合实时的传感器数据来对地铁站的关键设备进行状态跟踪	利用虚拟现实可视化技术构建了对应的可视化平台，可快速地响应多个设备状态的变化，同时配有三维地铁站场景，可以帮助用户更加清晰地定位到具体故障的设备，对地铁交通系统的稳定运行有一定的保障作用
智慧城市	虚拟现实+三维重建	广东工贸职业技术学院的测绘遥感科研团队	NERF航测三维重建系统	该系统基于先进的NERF算法，能够从航拍遥感数据中快速、准确地重建真实世界的三维场景，并能够构建虚拟现实场景模型	该系统可以帮助测绘和遥感专业人员快速获取高精度的三维地理数据，并为城市规划、资源管理、环境监测等领域提供支持。其高度自动化和精确性使其成为处理大规模航拍数据的理想选择，它可以为用户提供高效、可靠的三维重建解决方案
特殊场景	虚拟现实+残障辅助	华侨大学信息科学与工程学院的学生团队	沉浸式多场景残障健康辅助产品	提供多自由度运动选择和协调训练模块，以及多种虚拟现实运动反馈训练模块	为社会弱势群体带来了新的希望，能帮助患者塑造健康的身心，重塑积极乐观的态度
特殊场景	虚拟现实+安全应急	上海曼恒数字技术股份有限公司	浦东国际机场消防应急救援指挥视觉模拟系统	模拟机场发生消防安全事故时，消防员现场进行消防应急指挥的场景	解决了虚拟演练不真实的问题，减少了高风险演练造成的人身伤害，降低了组织和培训成本，摆脱了演练场地的限制，解决了传统演练数据难以评估的问题

74

第四章 虚拟现实+行业典型应用案例

【思考与巩固】

3~4位同学组成小组,制作一份虚拟现实+行业应用的调查报告,并以PPT、视频资料、调查问卷、访谈记录等形式对其他同学们进行汇报。

【实践与展示】

用手机拍摄博物馆、展厅或校园,并将其制作成720云效果,通过720云实现漫游博物馆、展厅或校园的效果。

行业大咖讲虚拟现实
与思政教育

第五章
虚拟现实应用开发职业岗位技能成长与进阶

本章和第六章从《虚拟现实技术工程人员国家职业技能标准》与《全国新职业和数字技术技能大赛"虚拟现实工程人员"赛项》两份文件出发，结合市场调研与行业分析，对虚拟现实应用开发的职业方向和职业能力进行总结，并梳理出其对应的职业岗位（图5-1）。

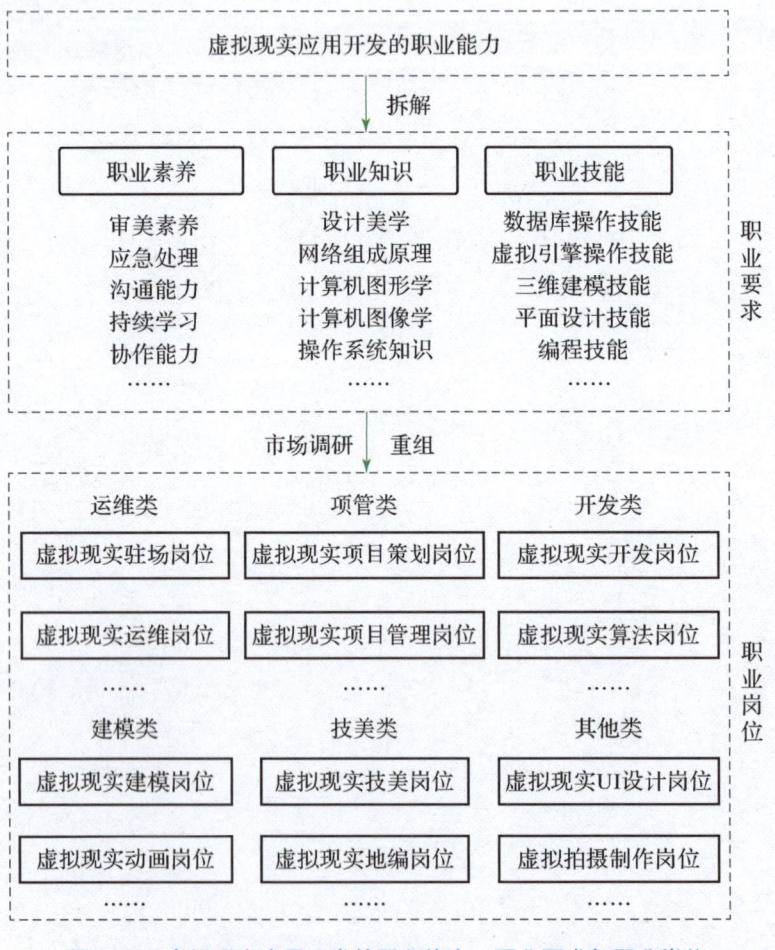

图5-1 虚拟现实应用开发的职业能力、职业要求与职业岗位

第五章 虚拟现实应用开发职业岗位技能成长与进阶

本章着重从技能进阶的角度，分析各职业能力在初级、中级、高级三个层次对从业者的要求，第六章则将典型职业能力细化为对应的素养、知识与技能，罗列对应的职业岗位以及相关技能学习路径，期望对读者的职业规划以及学习规划有所裨益。

虚拟现实行业与
职业章节导学

【知识目标】

（1）增强虚拟现实应用技术专业学生对虚拟现实应用开发职业岗位的认识，深入了解4个核心的虚拟现实应用开发职业岗位。

（2）全面掌握各职业岗位的任务、能力要求及工作流程。

（3）结合实际案例提升学生对虚拟现实应用开发职业岗位的认知。

【能力目标】

（1）重点掌握虚拟现实项目策划岗位、虚拟现实开发岗位，以及虚拟现实运维岗位的基础技能，利用实际案例引导学生学习各职业岗位必备技能。

（2）围绕整个虚拟现实应用开发流程，全面掌握虚拟现实企业的完整工作流程。

【素养目标】

本章通过对虚拟现实应用开发职业岗位的介绍，培养学生对虚拟现实应用开发职业岗位所需职业能力的认识，为专业学习定位、定目标。

5.1 虚拟现实应用开发工作流程与职业能力

5.1.1 虚拟现实应用开发工作流程

为了推进实验教学向科学化、现代化发展，某高校准备开发一套与现实实验对应的大学物理虚拟仿真实验平台，某公司中标后完成整个项目。

在完整的虚拟现实项目中需要完成以下工作：管理虚拟现实项目、搭建虚拟现实系统、设计虚拟现实内容（模型、动画、UI以及其他资源）、开发虚拟现实应用、优化虚拟现实效果。

在此过程中，根据项目交互难度、展示精度、视觉效果等的不同，对各部分工作的要求并不相同。例如，本节展示的大学物理虚拟仿真实验平台，要求交互效果与真实场景完全一致，以保证学生能较好地掌握实验方法。有些项目则可能要求交互效果更好、场景更加精美。

《虚拟现实技术工程人员国家职业技能标准》把虚拟现实应用开发分为两大职业方向，以及五大职业能力，每项职业能力分为三个等级，见表5-1。

表 5-1 虚拟现实应用开发的典型流程、职业能力、职业岗位一栏表

虚拟现实应用开发流程	职业能力	职业岗位	图示
1. 项目管理人员与甲方（高校课程负责人）深入沟通，明确项目需求和目标、项目范围、开发具体要求（技术储备、UI、交互性、开发进度等），验收标准和交付流程。沟通结束后项目管理人员将讨论内容整理成文档，并且对项目进行安排与规划	能够管理虚拟现实应用开发项目/了解虚拟现实应用开发流程	虚拟现实项目管理岗位 虚拟现实项目策划岗位	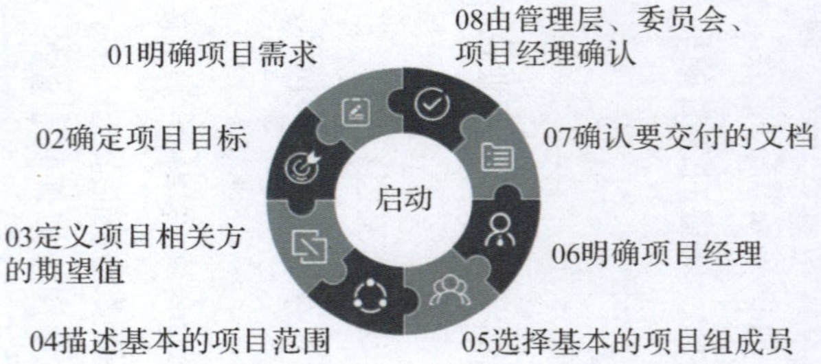 01明确项目需求 02确定项目目标 03定义项目相关方的期望值 04描述基本的项目范围 05选择基本的项目组成员 06明确项目经理 07确认要交付的文档 08由管理层、委员会、项目经理确认 启动
2. 项目开发人员将甲方要求与操作步骤、整理成具体逻辑与功能。根据展示精度、精度要求、技术储备对应引擎开发项目。此时需要的三维模型等资源正在创建，但项目周期较短，因此项目开发人员使用一些基础模型处理交互，待步骤 3 完成后再更换模型。	能够搭建虚拟现实系统/能够开发虚拟现实应用/能够了解虚拟现实设计的内容、时间与流程	虚拟现实开发岗位（U3D） 虚拟现实开发岗位（UE） 虚拟现实交互设计岗位	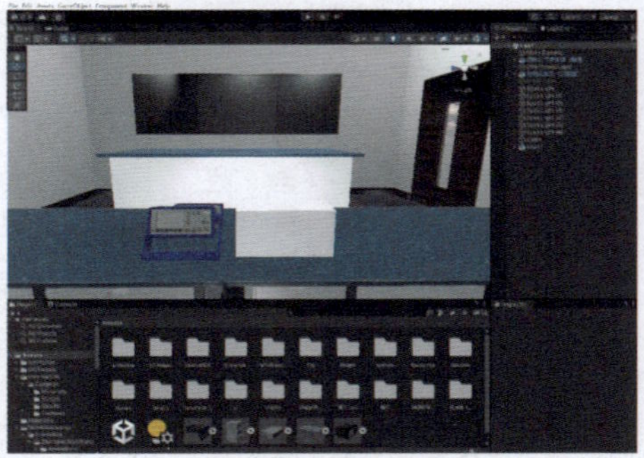

续表

虚拟现实应用开发流程	职业能力	职业岗位	图示
3. 开发此项目需要有大学物理实验常用模型，如示波器、电表等内容，建模人员确定建模清单，甲方对模型精细度的要求，参考图片后开始建模	能够根据需求，设计、完成虚拟现实内容中的三维模型	虚拟现实建模师岗位 虚拟现实编辑岗位	 参考实用  对应三维模型
4. 项目部分操作过程需要演示动画，动画要求真实流畅，能够展示正确的实验流程	能够根据需求，设计、完成对应动画	虚拟现实动画岗位	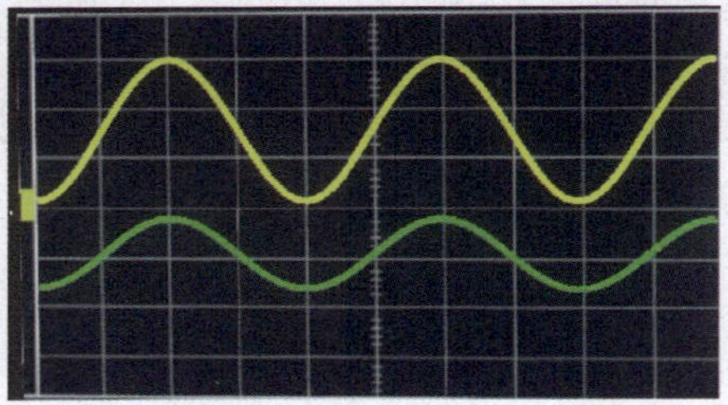

79

续表

虚拟现实应用开发流程	职业能力	职业岗位	图示
5. 项目还需要一些按钮图片，以方便学生操作或者引导学生实验，要求 UI 美观、醒目，操作友好。	能够根据需求，设计并进行 UI 布局	虚拟现实 UI 岗位	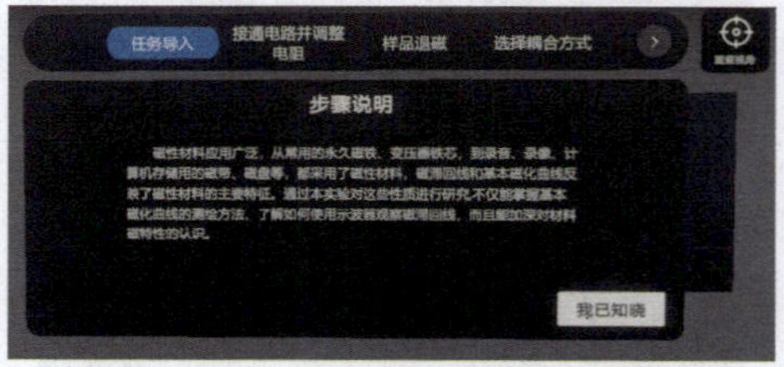
6. 部分实验（如电磁实验）需要一些特效，这些特效部分是动画，部分则是炫酷的粒子效果	根据需求设计、优化特效，并将其处理成视频，或者在特俗情况下触发的粒子特效	虚拟现实动画岗位 虚拟现实特效设计岗位	
7. 项目开发人员在开发完成交互后，将原来的粗糙模型用步骤 3~6 中的开发内容替换	能够搭建虚拟现实系统/能够开发虚拟现实应用/能够了解虚拟现实设计的内容，时间与流程	虚拟现实开发岗（U3D） 虚拟现实开发岗（UE）	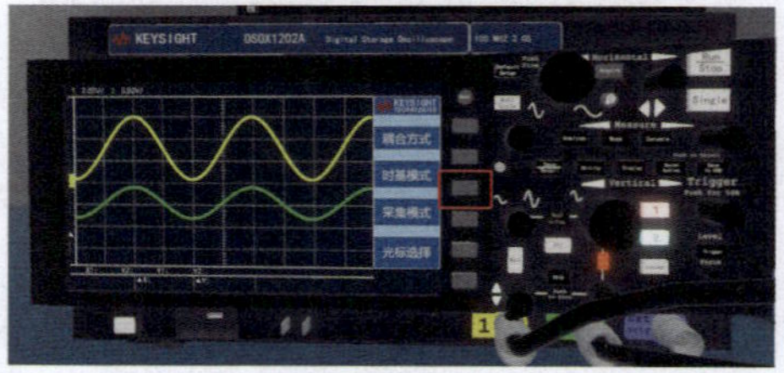

续表

虚拟现实应用开发流程	职业能力	职业岗位	图示
8. 甲方对大学物理虚拟仿真实验平台展示度要求较高，且此甲方计算机配置较低，运行太大的软件会卡顿，因此要求再次优化	能够根据甲方的具体情况优化虚拟现实模型/能够根据甲方的具体情况优化虚拟现实场景中的渲染效果	虚拟现实技美岗位 虚拟现实引擎岗位 虚拟现实shader开发岗位	
9. 甲方对项目较为满意，但是需要将此平台布置在多个实验室的教师机与学生机上，并且将部分项目布置到云端，供学生远程使用	能够根据实际情况搭建虚拟现实系统，安装相应软件	虚拟现实驻场岗位	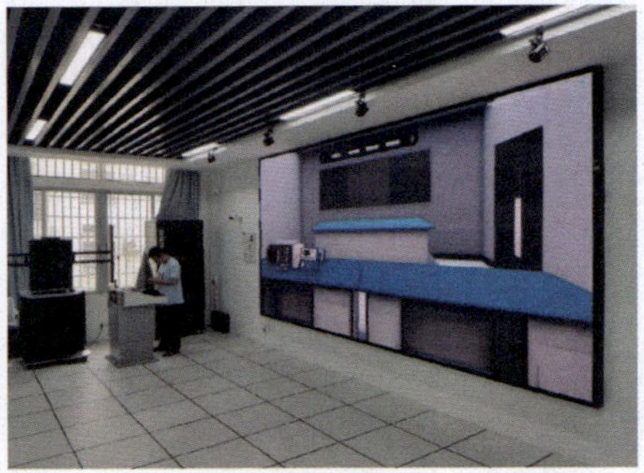
10. 甲方将此项目布置到云端，供学生与兄弟院校远程使用。但兄弟院校的网络、设备情况较为复杂，并且常常出现各种问题，要求某公司派两名人员现场帮助处理问题，两人线上远程帮助进行系统监控与运行	能够根据实际情况搭建虚拟现实系统，安装相应软件能够根据现场问题，或者远程信息分析问题，处理故障	虚拟现实驻场岗位 虚拟现实运维岗位 虚拟现实故障处理岗位	

5.1.2 虚拟现实应用职业岗位与职业能力

《虚拟现实技术工程人员国家职业技能标准》指出，虚拟现实技术工程人员是使用虚拟现实引擎及相关工具，进行虚拟现实应用的策划、设计、编码、测试、维护和服务的工程技术人员。

虚拟现实技术工程人员分为两大职业方向：虚拟现实内容设计与虚拟现实应用开发（图5-2）。其中前者强调对虚拟现实中场景、物体、人物模型的设计、制作与优化；后者强调虚拟现实中人与环境、物体之间交互过程的实现。二者需求的职业能力由五部分组成，职业能力组成比例也存在差异，见表5-2。

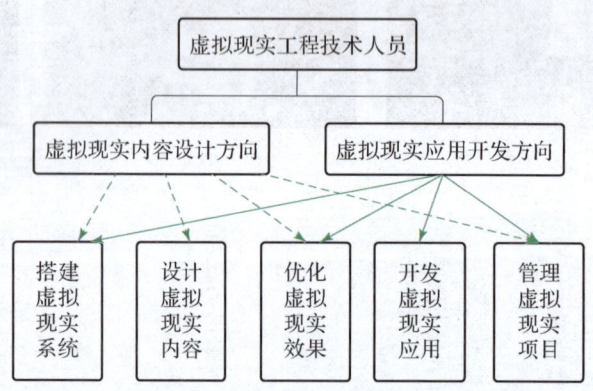

图5-2 虚拟现实技术工程人员职业方向与职业能力

表5-2 职业能力要求权重   %

技术方向	技术等级	搭建虚拟现实系统	开发虚拟现实应用	设计虚拟现实内容	优化虚拟现实效果	管理虚拟现实项目	共计
虚拟现实应用开发方向	初级	30	55	了解	不涉及	15	100
	中级	25	45	了解	10	20	100
	高级	20	30	了解	20	30	100
虚拟现实内容设计方向	初级	25	了解	60	不涉及	15	100
	中级	20	了解	45	15	20	100
	高级	15	了解	30	25	30	100

例如，对于虚拟现实应用开发方向，初级对于优化虚拟现实效果不做要求，但是对于中级和高级，优化虚拟现实效果在职业能力要求中占比为10%、20%，并且其难度也从中级的渲染器展示优化，升级到面向GPU效率控制展示效果与效率的平衡优化（详见第六章）。

另外，要注意两点。一是虚拟现实应用开发的各部分工作内容具有流程连贯性，因此对于不做要求的职业能力，也需要适当了解其基本知识才能保证工作的流程连贯性。例如，在虚拟现实内容设计方向中，为了测试搭建的虚拟现实内容质量，需要能够操作基本的虚拟现实引擎（对应虚拟现实应用开发方向），虚拟现实应用开发人员也需要掌握一些基本的虚拟现实设计技能，例如UI设计、模型处理、导入与导出等技能，以保障工作顺利完成。二是初级、中级、高级职业能力和相关知识要求依次递进，高级别涵盖低级别的要求。

5.2 搭建虚拟现实系统

搭建虚拟现实系统是指在工作需求环境中，完成对虚拟现实软/硬件的部署与优化。该职业能力是虚拟现实应用开发与虚拟现实内容设计方向均需要掌握的能力，其中虚拟现实应用开发方向要求重点掌握，虚拟现实内容设计方向需要了解以便根据具体搭建的环境调整所设计内容（包括模型、UI等）的质量与大小。不同职业等级对搭建虚拟现实系统能力的要求见表5-3。

表5-3 不同职业等级对搭建虚拟现实系统能力的要求

职业等级	工作内容	职业能力要求	相关知识要求
初级	搭建硬件系统	1. 能操作和维护常见的虚拟现实设备 2. 能依据开放要求对系统区域的交互设备进行规划布置 3. 能规划设备位置及布线 4. 能排查常见虚拟现实硬件系统的故障	1. 虚拟现实硬件的使用和维护知识 2. 虚拟现实交互系统知识 3. 虚拟现实硬件故障排查知识
初级	部署软件系统	1. 能安装常见虚拟现实系统的软件运行环境 2. 能配置多人联网系统的网络环境 3. 能根据软件部署方案，安装虚拟现实软件，并进行现场调试	1. 操作系统的安装及操作知识 2. 计算机网络配置知识 3. 虚拟现实设备驱动安装调试知识
中级	搭建硬件系统	1. 能根据项目需求和虚拟现实硬件适用范围，确认硬件选型方案 2. 能依据现场环境和硬件配置清单，制订工程实施方案 3. 能针对多人系统，制订组网规划方案 4. 能根据现场施工情况进行故障处理指导 5. 能通过现有设备集成方式配置虚拟现实硬件系统	1. 常见虚拟现实硬件现状及优、缺点知识 2. 组网规划知识
中级	部署软件系统	1. 能根据应用需求，制订虚拟现实软件部署方案 2. 能根据硬件性能，对虚拟现实软件进行配置和调优 3. 能批量安装虚拟现实软件	1. 软件系统备份还原知识 2. 常见操作系统和平台的虚拟现实软件后台配置指令知识 3. 应用软件批量安装知识

续表

职业等级	工作内容	职业能力要求	相关知识要求
高级	搭建硬件系统	1. 能根据安全施工规范，整体规划硬件设施安全方案 2. 能根据硬件系统类型，制订统一的施工要求 3. 能根据不同的硬件设施，制订故障处理规范及流程 4. 能对虚拟现实显示设备进行标准化测试 5. 能搭建大范围增强现实交互环境 6. 能使用增强现实设备，并集成增强现实硬件系统	1. 信息系统安全施工规范知识 2. 典型虚拟现实硬件系统知识 3. 故障管理知识 4. 虚拟现实硬件相关标准知识 5. 大范围增强现实交互系统知识 6. 增强现实设备标定、跟踪定位等基础知识
	部署软件系统	1. 能根据权限安全规范，审核源码，制订软件权限安全方案 2. 能为软件开发部门提供整体规划开发、配置及扩展方案意见 3. 能根据软件特点，制订软件升级策略 4. 能根据调试结果，制订软件部署优化方案	1. 软件权限安全规范知识 2. 虚拟现实应用开发基础知识 3. 虚拟现实软件系统运营、升级知识 4. 虚拟现实软件相关标准知识

虚拟现实系统由软件与硬件组成，从表5-3可知搭建虚拟现实系统分为搭建硬件系统与部署软件系统两部分，其中从初级到高级所面向的场景复杂度有所不同，难度也逐渐升高。

初级硬件系统搭建面向少量人群、简单环境场景进行工作，需要对虚拟现实设备有所了解，能够进行简单的放置（VR眼镜定位设置的布置）、操作（如开关机、VR手柄连接）、硬件故障排查等工作。

中级硬件系统搭建面向多人群、定制或非标准工作环境场景进行工作，需要对虚拟现实设备有清晰的认知与判断，能够面向多人、复杂环境场进行组网、安装、调整，并且能完成特定环境中特殊故障的处理等工作。

高级硬件系统搭建面向复杂现场、高度专业化场景、行业整体背景三种情况进行工作，面向复杂场景可以系统化、标准化制定施工、故障管理等知识，针对高度专业化场景，能从计算机图像图形学、计算机组成原理等深度出发解决专业问题，并且将其转化为行业统一知识或者标准。

搭建硬件系统部分初、中、高三个等级所面向的场景逐渐复杂，所面向的对象逐渐多元化，所涉及的知识主要集中在以下部分：计算机网络基础与技能，操作系统基础，虚拟现实硬件的结构、原理与技术指标。

初级软件系统部署面向小批量、点对点的软件环境进行工作，需要了解常见虚拟现实设备的工作环境（iOS、Android、Windows等），能够进行简单的网络配置与IP设置等工作，能够对虚拟现实设备的驱动以及基本开发环境进行安装、调试、更新等。

中级软件系统部署面向点对多或者多对多、考虑软/硬件协调环境进行工作，需要针对硬件进行配置调优，同时能够完成软件的指令化、批量化配置，以及基础性的软件版本回滚、热更新等处理。

高级软件系统部署面向大批量客户、多并发环境进行工作，能够从风险、架构、规范和系统角度构建软件的部署方案，使整个软件系统部署以及后续维护更可控、更易于维护。

部署软件系统部分初、中、高三个等级所面向的对象逐渐增多，要求逐渐从可用性到可控制变化，所涉及的知识主要集中在软件开发和测试基础、软件版本的控制、配置的变更、数据的迁移等。

5.3 开发虚拟现实应用

开发虚拟现实应用是指使用虚拟现实引擎以及相关工具，面向虚拟现实设备，实现虚拟现实产品交互与相关功能的开发，并且完成测试与优化。该职业能力是虚拟现实应用开发的核心职业能力，虚拟现实应用开发方向要求必须掌握，虚拟现实内容设计方向也需要了解，以保证工作的流程顺利进行。不同职业等级对开发虚拟现实应用能力的要求见表5-4。

表5-4 不同职业等级对开发虚拟现实应用能力的要求

职业等级	工作内容	职业能力要求	相关知识要求
初级	1. 开发应用	1. 能使用虚拟现实引擎及相关工具实现基础交互功能 2. 能接入常见的虚拟现实显示设备 3. 能使用编程、调试工具调试代码 4. 能使用软件编号管理更新软件的版本	1. 计算机软件编程基础知识 2. 虚拟现实引擎及相关工具知识 3. 虚拟现实显示设备应用开发知识
	2. 测试应用	1. 能根据测试用例，对应用进行接口、功能、压力等黑盒测试 2. 能根据测试用例，对代码进行逻辑、分支等白盒测试 3. 能根据测试结果编写软件测试报告 4. 能搭建虚拟现实系统测试环境	1. 计算机软件测试基础知识 2. 虚拟现实系统测试环境搭建方法知识

续表

职业等级	工作内容	职业能力要求	相关知识要求
中级	1. 开发应用	1. 能根据源代码级软件架构，开发各功能模块接口 2. 能根据流程图，梳理代码逻辑，优化接口及功能模块 3. 能对软件工程进行合并和迁移，实现不同工程之间代码的复用 4. 能使用虚拟现实引擎及相关工具实现多人联网交互 5. 能针对同一类型的功能需求，开发虚拟现实引擎及相关工具通用插件 6. 能接入除虚拟现实显示设备以外的其他虚拟现实外设	1. 接口开发知识 2. 程序流程图知识 3. 工程代码管理知识 4. 多人系统开发知识 5. 虚拟现实引擎及相关工具插件开发知识 6. 虚拟现实外设接口开发知识
中级	2. 测试应用	1. 能根据测试需求，制订相应的测试用例 2. 能根据测试需求，开发测试脚本 3. 能搭建多人系统测试环境，完成多人连网系统测试	1. 测试用例知识 2. 测试脚本开发知识 3. 多人连网系统测试知识
高级	1. 开发应用	1. 能根据应用软件开发需求，设计系统架构 2. 能对软件最终效果进行优化，提升软件运行效率 3. 能针对典型的业务需求，提炼相应的软件工程模板 4. 能制订软件开发规范，统一项目组内的编程规范 5. 能通过修改源码，定制虚拟现实引擎及相关工具编辑器 6. 能接入增强现实设备，定制开发增强现实应用	1. 软件架构设计知识 2. 软件优化知识 3. 设计模式知识 4. 软件开发相关标准知识 5. 虚拟现实引擎及相关工具编辑器扩展相关知识 6. 增强现实软件开发知识
高级	2. 测试应用	1. 能根据项目进度，制订软件测试计划 2. 能根据测试计划，协调人力、设备等测试资源 3. 能根据测试计划，管控软件缺陷和软件配置项 4. 能根据性能需求，进行系统深度性能优化测试	1. 软件配置管理知识 2. 软件性能测试知识 3. 软件测试相关标准知识

续表

职业等级	工作内容	职业能力要求	相关知识要求
高级	3. 与第三方系统进行数据交互	1. 能通过 TCP、UDP 等常用通信接口与第三方系统通信 2. 能根据第三方系统数据格式制订通信协议	1. 计算机网络数据通信知识 2. 数据结构知识

开发虚拟现实应用主要由开发应用和测试应用程序两部分组成，在高级阶段还需要接入第三方 API、数据接口、数据库等，实现深度数据交互功能。开发虚拟现实应用高度依赖虚拟现实引擎（U3D/UE），因此其初级、中级、高级的要求也体现在对虚拟现实引擎的掌握程度上。另外，实际上开发应用与测试应用往往在同一项目中反复出现，因此对二者同时讨论。

在开发虚拟现实应用的初级与中级工作中，工程人员通常依赖虚拟现实引擎（U3D/UE）以及虚拟现实引擎配套的驱动脚本程序（C#/蓝图和 C++），因此在初级应用开发与应用测试过程中，工程人员需要掌握如何实现和测试对应功能；在中级阶段，则需要在此基础上更好地实现和测试对应用能，主要借助编程思想知识、理念与逻辑知识、计算机网络知识、基础硬件知识等来实现与测试对应功能。

在高级阶段，工程人员借助计算机组成原理知识、图像图形学知识、算法知识，对虚拟现实引擎底层代码进行优化或者改造封装，同时以系统化与规范化理念，搭建软件、测试、调度的框架与标准规范。

例如，以 UE 使用者为例，初级 UE 使用者使用蓝图实现对应功能，但往往整个项目占用内存较大，并且交互功能用户体验较差。中级 UE 使用者使用 C++ 语言配合蓝图驱动项目，有意识地控制项目的大小、交互体验的流畅度与效果，而且可以开发额外的插件或者适配部分硬件。高级 UE 使用者则会针对项目高度定制化使用 UE，并且会对系统给出的算法进行优化与调整，以保证项目在内存占用、效率、交互等多方面的优化效果。

开发虚拟现实应用职业能力对应的职业岗位包括、UE 开发岗位、U3D 开发岗位、虚拟现实应用开发岗位、游戏开发岗位等。

5.4 设计虚拟现实内容

设计虚拟现实内容是指通过设备或者人工手段，面向虚拟现实环境或产品，完成三维模型、空间音频、全景视频、虚拟 UI 幕布等的设计。就目前的技术而言，设计虚拟现实内容多指工程人员完成三维模型的设计、建模、后处理与优化等工作，最终将其置入虚拟现实场景进行优化与调试的过程。该职业能力为设计虚拟现实内容方向必备的核心职业能。不同职业等级对设计虚拟现实内容能力的要求见表 5-5。

表 5-5 不同职业等级对设计虚拟现实内容能力的要求

职业等级	工作内容	职业能力要求	相关知识要求
初级	1. 采集数据	1. 能根据要求对采集设备进行选型 2. 能使用常用采集设备进行数据采集工作 3. 能编辑数据，并导出、迁移至数据处理软件	1. 数码相机、三维扫描仪等采集设备的使用方法知识 2. 三维数据表示基本知识
	2. 制作三维模型	1. 能使用软件创建基本几何体 2. 能使用软件的线条工具制作简单造型 3. 能使用软件创建多边形网格模型 4. 能使用软件进行几何体的布尔、放样等运算 5. 能导入、导出、合并不同格式的模型	1. 软件中几何体制作相关知识 2. 软件中线条工具相关知识 3. 多边形建模工具相关知识 4. 软件三维模型运算相关知识 5. 三维模型管理相关知识
	3. 制作材质	1. 能命名、赋予、删除模型的材质 2. 能链接不同类型的贴图与材质通道 3. 能使用软件对材质进行编辑	1. 材质命名规则知识 2. 材质通道和贴图属性相关知识 3. 软件材质编辑器参数知识
	4. 处理图像	1. 能使用图像处理软件导入并修改图片基本参数 2. 能使用图像处理软件拼接、裁切图片 3. 能使用图像处理软件调整图片格式和颜色模式	1. 计算机图像参数相关知识 2. 图片拼合裁剪相关知识 3. 图片格式相关知识 4. 计算机颜色模式相关知识
	5. 创建与渲染场景	1. 能将三维模型、贴图等素材导入虚拟现实引擎及相关工具 2. 能使用虚拟现实引擎及相关工具创建场景文件 3. 能使用虚拟现实引擎及相关工具设置三维模型的 LOD 数值 4. 能使用虚拟现实引擎及相关工具创建摄像机和修改相关参数 5. 能使用虚拟现实引擎及相关工具创建、分类、管理各项美术资源	1. 虚拟现实引擎及相关工具资源管理知识 2. LOD 相关知识 3. 虚拟现实场景创建方法知识 4. 虚拟相机使用知识
中级	1. 采集数据	1. 能处理不同类型的原始数据 2. 能修补点云数据，并转换为模型 3. 能使用相机获取制作三维模型材质的参考图片 4. 能修补正视/斜视拍摄数据，并转换为模型	1. 原始数据处理方式知识 2. 点云数据相关知识 3. 材质参考图片制作方式知识 4. 正视/斜视拍摄数据相关知识

第五章　虚拟现实应用开发职业岗位技能成长与进阶

续表

职业等级	工作内容	职业能力要求	相关知识要求
中级	2. 制作三维模型	1. 能使用软件的各种修改器命令制作模型 2. 能使用多边形建模工具制作硬表面模型 3. 能制作三维模型中的高面数、高细节度模型 4. 能使用拓扑工具制作低面数三维模型 5. 能使用 UV 工具对模型进行 UV 展平及分配	1. 软件修改器命令相关知识 2. 硬表面模型制作知识 3. 高/低面数三维模型制作知识 4. UV 展开工具相关知识
	3. 制作材质	1. 能针对不同模型规划和制作多维子材质 2. 能使用贴图制作工具烘焙法线、高度、环境遮挡贴图 3. 能使用贴图制作软件制作标准 PBR 流程材质贴图 4. 能使用材质制作软件输出各虚拟现实引擎材质模板预设贴图	1. 多维子材质制作知识 2. 贴图烘焙知识 3. PBR 制作流程知识 4. 虚拟现实引擎及相关工具材质标准知识
	4. 处理图像	1. 能使用图像处理软件创建并调整图层、通道和蒙版 2. 能使用图像处理软件完成选区、抠图、调色 3. 能使用图像处理软件的画笔、钢笔工具绘制图像 4. 能使用图像处理软件的图层叠加模式合成图像 5. 能使用图像处理软件的滤镜功能进行图像编辑	1. 图层、通道、蒙版使用知识 2. 选区、抠图、调色相关知识 3. 画笔、钢笔等绘制工具知识 4. 图层叠加相关知识 5. 滤镜功能使用知识
	5. 创建与渲染场景	1. 能使用虚拟现实引擎及相关工具的地形编辑系统制作不同地形 2. 能使用虚拟现实引擎及相关工具绘制不同地表和植被 3. 能使用虚拟现实引擎及相关工具搭建各种类型的光照环境 4. 能使用虚拟现实引擎及相关工具的材质编辑器绘制标准 PBR 材质效果 5. 能使用虚拟现实引擎及相关工具烘焙静态光照效果 6. 能使用虚拟现实引擎及相关工具的物理属性功能模拟风力、重力 7. 能使用虚拟现实引擎及相关工具设置碰撞和可行走区域 8. 能使用虚拟现实引擎及相关工具设置不同样式的天空盒	1. 虚拟现实引擎及相关工具地形编辑器使用知识 2. 虚拟现实引擎及相关工具地表和植被系统使用知识 3. 虚拟现实引擎及相关工具光照系统使用知识 4. PBR 材质使用知识 5. 静态光照贴图烘焙知识 6. 虚拟现实引擎及相关工具物理模块使用知识 7. 虚拟现实引擎及相关工具碰撞体相关知识 8. 虚拟现实引擎及相关工具天空设置相关知识

续表

职业等级	工作内容	职业能力要求	相关知识要求
中级	6. 制作特效	1. 能使用虚拟现实引擎及相关工具制作特效材质 2. 能使用虚拟现实引擎及相关工具的粒子特效系统调节粒子参数 3. 能使用虚拟现实引擎及相关工具设置大气雾和指数雾等雾效	1. 特效材质相关知识 2. 粒子特效系统相关知识 3. 雾效设置相关知识
中级	7. 设计用户界面	1. 能使用图像处理软件绘制图标、按钮、滑杆等素材 2. 能将用户界面图片素材切片并导入虚拟现实引擎及相关工具 3. 能根据项目风格，绘制不同类型的用户界面素材	1. 图标绘制相关知识 2. 图像素材导入/导出相关知识 3. 用户界面风格化知识
中级	8. 制作动画	1. 能使用软件制作适配模型的骨骼绑定系统 2. 能使用软件对模型进行绑定、蒙皮等操作 3. 能使用软件制作行走、跑步、跳等动作 4. 能将动作数据分段导出和导入	1. 骨骼绑定系统相关知识 2. 蒙皮系统相关知识 3. 人体动力学动画基础知识 4. 关键帧制作相关知识 5. 动作文件导入/导出相关知识
高级	1. 采集数据	1. 能针对不同项目需求编辑原始数据 2. 能使用全景相机进行全景视频数据采集 3. 能对数据进行分类存储并制订对应调用方案 4. 能采用先进数字角色采集技术进行数字人资产采集	1. 数字资产调整相关知识 2. 全景视频录制相关知识 3. 数字资产类型管理相关知识 4. 数字角色采集技术相关知识
高级	2. 制作三维模型	1. 能使用数字雕刻软件制作复杂造型模型 2. 能使用三维建模软件制作生物类型三维模型 3. 能使用各种建模软件的插件制作特殊需求的三维模型 4. 能设计制作 LOD 模型 5. 能规划三维模型资产制作流程方案和规范标准	1. 数字雕刻软件使用知识 2. 生物模型制作知识 3. 三维建模插件使用知识 4. LOD 模型设计制作知识 5. 三维模型资产制作流程方案和规范标准制定相关知识
高级	3. 制作材质	1. 能制作水面材质并且表现出水面的反光和折射等属性 2. 能制作具有次表面散射属性的材质 3. 能制作具有自发光属性的材质	1. 水面材质制作相关知识 2. 次表面散射材质相关知识 3. 自发光材质制作相关知识

第五章 虚拟现实应用开发职业岗位技能成长与进阶

续表

职业等级	工作内容	职业能力要求	相关知识要求
高级	4. 处理图像	1. 能使用图像处理软件调整不同风格的图片 2. 能使用图像处理软件调整和编辑法线、高度等类型贴图 3. 能使用图像处理软件对三维渲染图片进行后期加工 4. 能使用图像处理软件制作虚拟现实项目宣传图片	1. 图像风格化处理知识 2. 法线、高度等类型贴图知识 3. 图片后期处理知识
	5. 创建与渲染场景	1. 能使用虚拟现实引擎及相关工具搭建、编辑各种风格的场景 2. 能使用虚拟现实引擎及相关工具进行后期处理 3. 能使用虚拟现实引擎及相关工具管理和优化美术资源 4. 能使用虚拟现实引擎及相关工具的材质编辑器制作复杂材质	1. 三维场景风格化知识 2. 虚拟现实引擎及相关工具后期处理模块知识 3. 美术资源使用、管理和优化知识 4. 虚拟现实引擎及相关工具材质系统知识
	6. 制作特效	1. 能使用虚拟现实引擎及相关工具模拟火焰、火光等特效 2. 能使用虚拟现实引擎及相关工具模拟水面、瀑布、油等特效 3. 能使用虚拟现实引擎及相关工具模拟爆炸、破碎等动态效果 4. 能使用虚拟现实引擎及相关工具制作下雨、闪电、暴风雪等特效	1. 火焰特效制作知识 2. 液体特效制作知识 3. 物理属性特效制作知识 4. 天气系统制作知识
	7. 设计用户界面	1. 能设计静态交互界面和动态交互界面 2. 能分析用户使用软件的习惯，并制订相应 UI 方案	1. 虚拟现实引擎及相关工具 UI 状态知识 2. 用户体验与 UI 设计知识
	8. 制作动画	1. 能使用虚拟现实引擎及相关工具分割、调用动画文件 2. 能使用动作捕捉设备获取三维数据，并驱动动画 3. 能规划项目动画方案	1. 虚拟现实引擎及相关工具动画模块知识 2. 动作捕捉设备知识 3. 虚拟现实引擎及相关工具动画方案规划、脚本设计及制作知识

设计虚拟现实内容看似工作内容繁杂，但实际上总体分为四部分：三维模型制作与优化、特效制作、UI 设计、动画制作。为了保证虚拟现实的沉浸性，每个部分较传统的功能略有不同，例如 UI 设计在虚拟现实环境中面向的载体包括平面与环幕。三维模型制作与优化、特效制作、动画制作整体要求可视化效果较高，且最终都要在虚拟现实引擎中调试，需要考虑硬件所支持的运行效果。

设计虚拟现实内容工作中三维模型制作与优化内容对初级、中级、高级有不同的要求。

初级强调模型三维结构的准确性。其工作流程如下：收集数据（测量、扫描、计算）→三维软件建模（3ds Max/Maya 等）→调用已有材质（3ds Max/Maya/内置插件等）→处理图片（Photoshop 等）后制作模型贴图（3ds Max/Maya 等）→基于虚拟现实引擎（U3D/UE）打光渲染。

中级和高级则强调材质的真实性，并且在捕捉复杂细节的高精度模型和为实时渲染和效率而优化的低精度模型之间斟酌考虑。其工作流程如下：收集数据（测量、扫描、计算）→三维软件建模（3ds Max/Maya/Zbrush 等）→制作材质（基于 PBR 理念完成材质着色）→制作贴图（Photoshop 等，考虑使用金属工作流还是高光工作流）后对模型贴图（3ds Max/Maya 等）→基于虚拟现实引擎进行高级渲染（U3D/UE 中的高级渲染模块）。其本质是使用 PBR 建模流程和高/低面数三维模协作互换的方式实现精细模型和渲染效率的平衡。

PBR 流程如图 5-3 所示。普通模型和 PBR 模型如图 5-4 所示。

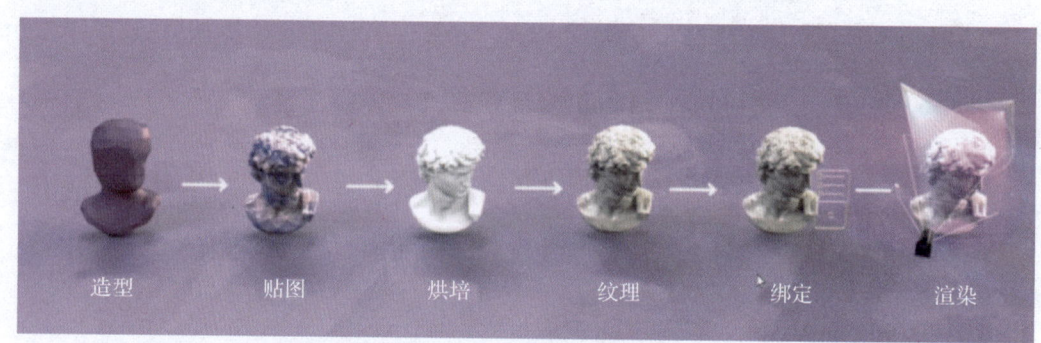

图 5-3　PBR 流程

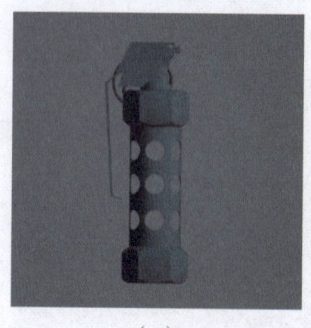
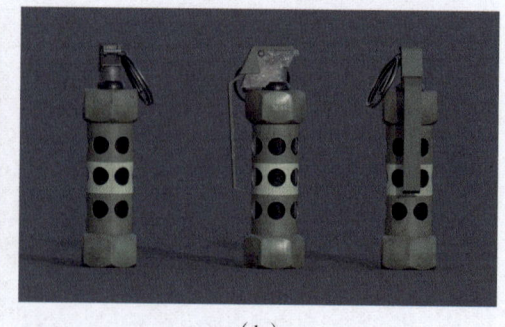

（a）　　　　　　　　　　　（b）

图 5-4　普通模型和 PBR 模型

（a）普通模型；（b）PBR 模型

设计虚拟现实内容工作中的特效制作部分，对初级不做要求，中级要求能够调用对应虚拟现实引擎与插件实现内容，高级则要求模拟更加复杂的特效，并且往往需要平衡复杂特效需要的粒子数量与特效展示度的关系。

设计虚拟现实内容工作中的 UI 设计部分，对初级不做要求，中级要求能够完成图标的风格化设计、绘制，高级则要求在完成相关设计时考虑用户体验设计（User Experience Design，UX），强调在满足具体功能时照顾到用户的使用感受。

设计虚拟现实内容工作中的动画制作部分，对初级不做要求，中级要求能够按要求完成基础动作的制作，高级则需要求能够基于分镜、影视化与电视包装的思路完成动画的设计与处理，同时使用动作捕捉设备驱动动画。

设计虚拟现实内容职业能力对应的职业岗位如下：三维模型制作与优化主要对应三维建模师，特效制作主要对应虚拟特效师，UI 设计主要对应交互大屏设计师，动画制作主要对应动画设计师、动作捕捉师等。

5.5 优化虚拟现实效果

优化虚拟现实效果是指面向虚拟现实应用场景或虚拟现实交互，基于虚拟现实引擎或计算机系统，对渲染管线、运行流畅度、性能等方面进行美术表达流程、效率、展示度的优化。其本质是在高度分工化的场景中，由技术人员为美工人员提供可行性技术、路径、插件等，保证美工人员和开发人员的协作。该职业能力为高阶职业能力，要求工程人员具有良好的审美，并且具有较高的面向图像图形学的编程与算法优化能力。不同职业等级对优化虚拟现实效果能力的要求见表 5-6。

表 5-6　不同职业等级对优化虚拟现实效果能力的要求

职业等级	工作内容	职业能力要求	相关知识要求
中级	1. 视觉表现	1. 能针对美术表现需求编写相应着色器 2. 能围绕美术内容制作相应插件和工具	1. 三维建模软件使用知识 2. 图像处理软件和材质制作软件使用知识 3. 着色器、渲染管线等知识
	2. 优化性能	1. 能使用分析工具和数据表格分析内容，选择优化性能的方案 2. 能根据项目需求制订降低场景复杂度的方案	虚拟现实引擎及相关工具优化应用知识

续表

职业等级	工作内容	职业能力要求	相关知识要求
高级	1. 视觉表现	1. 能根据项目需求制订模型、材质等素材的原型设计方案 2. 能根据项目风格实现底层渲染管线搭建	1. 计算机图形学知识 2. 脚本语言编写知识
	2. 优化性能	1. 能制订美术内容制作指南和工作流程 2. 能根据项目情况在美术表现和程序代码之间找到最适用方案	1. 实时渲染知识 2. 计算机图形渲染软硬件工作原理知识

优化虚拟现实效果对初级不做要求，中级要求能够实现基于虚拟现实引擎内置的 Shader 渲染，如 U3D 的 Shader Graph 或 UE 的 Custom Shader，高级则要求编写材质着色器，改进虚拟现实引擎渲染管线，提供 DCC 工具的资源导出和检测工具，编写引擎内用的美术自动化工具，以及进行移动端性能优化等。

优化虚拟现实效果对应的典型职业岗位是虚拟现实技美岗位，该职业岗位要求具备美术制作能力，掌握全面的美术技术知识，并对脚本、程序用语有所理解。

5.6 管理虚拟现实项目

管理虚拟现实项目是指通过规划、组织、实施和监制来管理虚拟现实项目的过程，具体表现为与客户对接项目需求、设计项目方案、编写开发脚本、推进项目完成。其较传统软件或信息化项目管理而言，不仅需要具备信息系统项目管理知识，具有团队协作能力和沟通能力，还需要掌握虚拟现实项目开发的特点和流程，以及虚拟现实在不同领域的应用和最新发展动态，以便开发出更符合行业需求和发展的虚拟现实项目。不同职业等级对管理虚拟现实项目能力的要求见表 5-7。

表 5-7 不同职业等级对管理虚拟现实项目能力的要求

职业等级	工作内容	职业能力要求	相关知识要求
初级	1. 对接项目需求	1. 能根据团队既定计划，收集市场目标信息 2. 能根据与客户沟通的情况整理需求文档 3. 能根据销售团队的要求，制作宣讲材料	1. 市场调研知识 2. 虚拟现实行业背景知识

第五章　虚拟现实应用开发职业岗位技能成长与进阶

续表

职业等级	工作内容	职业能力要求	相关知识要求
初级	2. 设计项目方案	1. 能收集客户技术问题，并进行整理归纳 2. 能参考已有的项目解决方案调整制订具体的解决方案 3. 能参考类似项目脚本编写项目脚本	1. 虚拟现实基础理论知识 2. 虚拟现实行业应用知识
	3. 管理项目进程	1. 能根据项目管理计划，跟踪项目进度、成本、资源等情况 2. 能与需求方保持沟通，及时反馈项目情况 3. 能根据验收要求，进行项目交付验收检查	1. 项目管理基础知识 2. 虚拟现实项目管理工具与方法知识 3. 人员沟通和协调技巧知识
中级	1. 对接项目需求	1. 能向市场宣传、介绍典型项目案例 2. 能与业务部门合作挖掘客户需求	1. 市场推广知识 2. 虚拟现实行业发展知识
	2. 设计项目方案	1. 能依据技术方案，解答客户的技术咨询问题 2. 能根据项目需求，在产品功能和技术架构相关技术文档的基础上调整输出解决方案和项目脚本 3. 能进行项目演示和项目方案讲解	1. 虚拟现实技术体系知识 2. 项目宣讲知识
	3. 管理项目进程	1. 能向团队成员传达项目策划案的内容，并协调各岗位之间的工作 2. 能根据项目管理知识和经验，对出现偏差的进度、成本、资源等问题做出调整 3. 能根据测试结果，组织人员对测试缺陷进行技术攻关 4. 能结合业务情况组织项目交付	1. 质量控制知识 2. 项目交付知识
	4. 指导与培训	1. 能整理产品使用手册，组织使用人员参与操作培训 2. 能依据技术培训材料，针对相关从业人员开展专业技能培训	1. 产品使用手册编写方法知识 2. 技术教学方法知识

续表

职业等级	工作内容	职业能力要求	相关知识要求
高级	1. 对接项目需求	1. 能与业务部门合作引导客户需求 2. 能挖掘行业普遍需求，提炼产品价值特征，整理竞品分析报告 3. 能建立目标市场分析模型，对市场策略制订提出建议	1. 系统需求分析知识 2. 市场营销知识
	2. 设计项目方案	1. 能解决客户的技术咨询难题，并提供技术解决方案 2. 能根据产品功能设计和技术架构，输出产品的配套文档，并根据项目需求针对性设计解决方案和项目脚本 3. 能参与项目架构设计与产品设计，并提出建设性意见	1. 虚拟现实系统架构分析知识 2. 虚拟现实产品设计知识
	3. 管理项目进程	1. 能根据实际情况完成项目策划，并输出项目策划方案 2. 能协调各方资源，整体管控项目进度和质量 3. 能识别各种风险，处理项目生命周期中的各种突发状况	1. 项目策划知识 2. 风险管控知识 3. 虚拟现实引擎及相关工具和项目源码安全审查知识
	4. 指导与培训	1. 能制订技术人员培训方案 2. 能编写技术培训材料 3. 能对相关从业人员开展专业技能指导培训	1. 培训方案制订方法知识 2. 技术培训材料编写方法知识

　　管理虚拟现实项目由四部分构成，分别是对接项目需求、设计项目方案、管理项目进程和指导与培训。其中对于初级，指导与培训部分不做要求。在职业岗位上，管理虚拟现实项目的初、中、高级分别对应项目经理助理、项目经理、高级项目经理。

　　虚拟现实项目类型很多，涉及的领域非常广泛，各行各业的虚拟现实项目需求千差万别。在正式开始项目之前，对接项目需求显得尤为重要。对接项目需求指对客户的信息化需求进行分析，将不规范、随意的需求转换成规范、严谨和结构化的需求，将不正确的需求转换成正确的需求，将不切实际的需求转换成可以实现的需求，去掉不必要的需求，补上漏掉的需求。在初级阶段，主要根据项目经理的安排，收集项目信息，与客户沟通梳理需求文档。在中级阶段，主要向市场宣传、介绍典型项目案例，同时依据收集的项目信息判断需求。在高级阶段，主要提炼产品价值特征，进一步挖掘产品价值，制定市场策略。

在完成项目需求对接后，进行项目方案设计，一般以流程图、原型图来呈现项目方案，在客户认可项目方案后，进一步细化开发脚本。初级要求能参考过往的项目经验和项目资料，协助完成项目方案设计。中级要求能依据项目目标和项目特点进行准确的技术选型，编写符合项目特点的项目方案和开发脚本，例如图5-5所示为某大学"示波器的使用"物理实验设备及开发脚本。高级除了要求满足项目需求，还需要在项目架构上有所侧重，对项目架构设计与产品设计提出建设性意见。

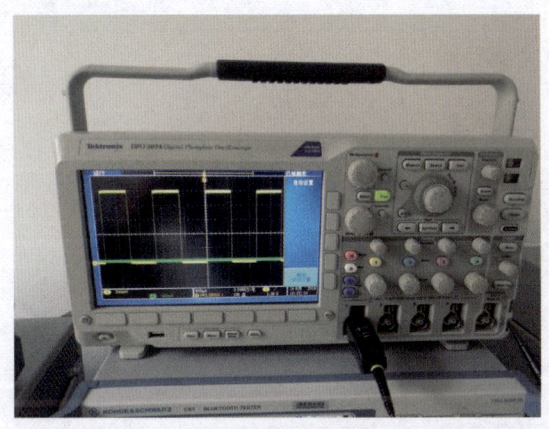

示波器的使用					
步骤类别	子步骤1	子步骤2	子步骤3	子步骤4	子步骤5	子步骤6
阶段一：认识仪器	任务引入	了解示波器	了解学生信号源	了解信号发生器		
步骤描述	【动画】示波器是一种用途十分广泛的电子测量仪器。它能把肉眼看不见的电信号变换成肉眼看得见的图像，便于人们研究各种电现象的变化过程。利用示波器能测量电信号的幅度、频率、直流偏置、占空比等特征。用双踪示波器还可以检测两路信号在幅度、频率和相位的相对关系	【动画】按照工作原理的不同，通用示波器可分为两种类型：模拟示波器和数字示波器	【动画】J2465学生信号源是一种能同时分别输出低频（音频）正弦电压和高频（等幅或调幅）正弦电压的信号发生器。本实验只使用其低频输出信号，并把它作为未知信号源来测定其幅值和频率。低频输出分别为500 Hz、1 000 Hz、1 500 Hz、2 000 Hz和2 500 Hz五挡固定的正弦信号	【动画】TFG6920A信号发生器面板是一种可以输出正弦、锯齿和方波信号等的信号发生器，输出信号频率和幅度均连续可调。在本实验中，主要采用此信号发生器输出正弦波形		
阶段二：以自动测量方式测量学生信号源低频信号的V_{p-p}和T、f	任务引入，熟悉数字示波器的各按键的使用	连接电路	显示波形	调节分辨率	记录电压峰峰值和周期，以及频率	多次测量
步骤描述	【动画】示波器的面板右侧的按钮主要分为5个区域：垂直区域、水平区域、测量区域、工具区域、触发区域（同时在实物图上用不同颜色显示该区域）	【交互】把学生信号源的"低频输出"信号输入CH1（X轴），调节学生信号源的"低频"幅度，使输出信号较强，将频率调在500 Hz挡	【交互】按动自动定标键[Auto Scale]，屏幕中出现黄色（若输入CH2，则为绿色）的正弦波信号。若波形不稳定，可以调节触发电平[Level]，也可以再按下[Auto Scale]键使之稳定	【交互】为了使显示信号边沿更加清晰，可以按下[Acquire]软键，选定采集模式软键，调整为高分辨率	【交互】按下测量区域的[HEAS]键，在示波器屏幕出现测量的副菜单，按下"源"软键，选择要进行测量的通道。按下"类型"软键，然后旋转[ENTRY]旋钮以选择要进行的测量，包括电压峰峰值和周期，以及频率，填入表6-1	改变学生信号源的不同频率，多次测量
阶段三：	……	……	……	……	……	……

图5-5 "示波器的使用"物理实验设备及开发脚本

管理项目进程是指在项目开发过程中对项目进行管理和监控。初级要求及时收集项目执行过程中的成本、进度等信息，并及时反馈给相关干系人。中级要求制订完整的项目管理计划，包含项目进度计划、风险管理计划、成本管理计划等。表 5-8 所示为项目进度计划模板。若项目执行过程中出现成本、进度等偏差，则需要及时对其进行调整。为了高效优质地完成项目，高级要求对项目进行统筹管理，使用项目管理软件协同多人开发，协调各方资源，整体管控项目的进度和质量。

表 5-8 项目计划模板

项目总计划						
项目阶段	任务名称	负责人	参与人	开始日期	结束日期	总进度	风险
准备阶段	需求调研						
设计阶段	产品需求设计						
	交互设计						
	UI 设计						
	实验脚本						
	框架设计						
开发实施阶段	模型建模						
	交互开发						
内部测试	VR 眼镜交互测试						
	大屏交互测试						
优化调整							
项目交付							

指导与培训部分只对中级和高级有要求。中级倾向于完成项目产品使用说明，是对用户的指导和培训。高级倾向于对技术人员的指导和培训，制定规范化的培训文件。

【思考与巩固】

（1）虚拟现实应用开发不同阶段需要具备的能力分别是什么？

（2）作为学生，应该怎样利用在校学习的时间获取虚拟现实技术相关知识与能力？

【实践与展示】

以小组为单位（3~4 人一组），选取某大学化学实验作为虚拟仿真实验开发项目，为其编写虚拟仿真实验需求书、技术方案、实验开发脚本，并与同学分享。

第 六 章

虚拟现实应用开发职业岗位与就业需求

在实际工作中，从业者往往需要侧重掌握部分素养、知识、技能，因此本章列出五大职业能力对应的代表性职业岗位，重点讲述其典型职业素养、职业知识、职业能力以及核心能力获得路径。

【知识目标】

本章旨在培养学生对虚拟现实应用开发职业岗位能力图谱以及核心职业能力的理解，重点介绍运维类、项理类、开发类、建模类职业岗位，为学生提供各职业岗位能力图谱以及核心能力获得路径。

【能力目标】

本章重点掌握虚拟现实应用开发各职业岗位能力图谱、能力成长与进阶方向，利用实际案例引导学生了解各职业岗位所需的进阶要求。

【素养目标】

本章通过虚拟现实应用开发各职业岗位能力成长及进阶的解读，综合培养学生的学习能力、沟通能力以及团队意识，以及学生对对口专业的向往及热情。

6.1 虚拟现实运维类职业岗位

6.1.1 虚拟现实运维类岗位概述与职业能力图谱

虚拟现实运维类岗位是指在虚拟现实工程中负责管理、维护和支持系统、服务和基础设施的岗位。运维人员通常根据具体环境负责监控系统性能、解决故障、部署新的软件和硬件等任务。

虚拟现实运维类岗位根据运维场景的不同分为虚拟现实运维岗位和虚拟现实驻场岗位。除此类岗位外，根据各公司特色还有虚拟现实产品运维岗位、网络运维岗位、引擎交互运维开发岗位等。

虚拟现实运维类岗位职业能力图谱如图 6-1 所示。其中，搭建虚拟现实系统是该岗位最重要的职业能力，因为良好的运行维护本质上是正确搭建虚拟现实系统的目标，而正确搭建虚拟现实系统是良好运维的前提。该岗位人员还需要了解虚拟现实项目管理的基础知识，根据项目流程、项目时间节点、项目特性来设置运维与处理时间、方法等。该岗位人员只有熟悉虚拟现实应用开发的基本流程与技术，才能在复杂的运维环境中从多种角度思考，及时处理突发故障。

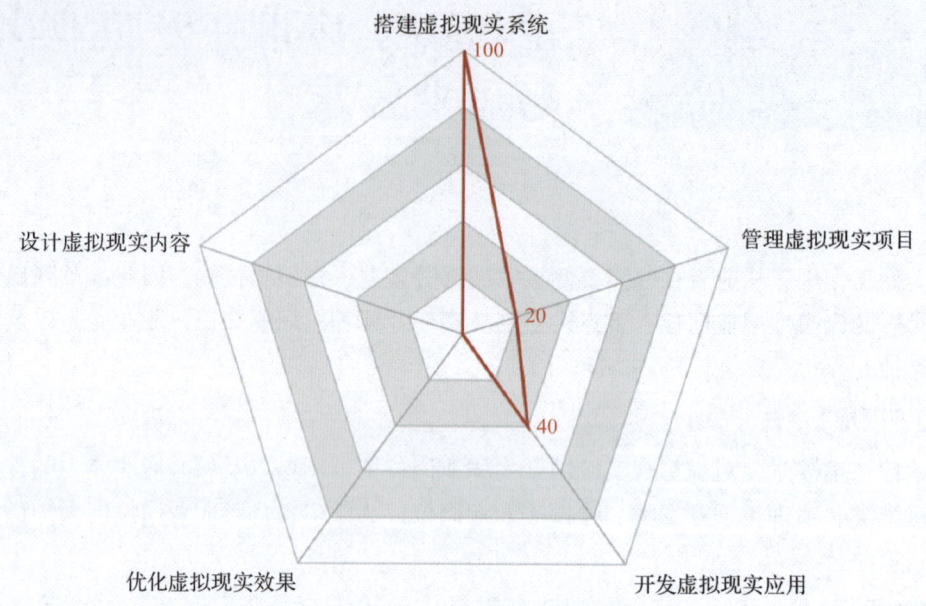

能力需求：了解（20）；熟悉（40）；掌握（60）；熟练（80）；精通（100）

图 6-1 虚拟现实运维类岗位职业能力图谱（单位：分）

6.1.2 虚拟现实运维类岗位核心能力及其获得路径

虚拟现实运维类岗位涉及软件运维、硬件运维、网络运维等多个方面。表 6-1 所示为某公司运维专员岗位说明书。

表 6-1 某公司运维专员岗位说明书

岗位名称	运维专员	岗位等级	七	可轮换岗位	UE 运维专员
直接上级	运维总监	直接下级	VR 运维助理	可晋升岗位	运维主管
岗位概要	协助运维主管进行虚拟现实应用维护、编程开发等工作，及时完成技术任务					
薪资标准	基本工资 + 岗位补助 + 全勤奖金 + 项目佣金					
岗位职责						权限
1	依据线上问题反馈，及时完成运维主管交代的工作，并提出自己的意见、建议					2
2	协助运维主管进行项目运行分析、程序流程调试，完成部分技术工作					2
3	协助进行项目维护工作，完成调试程序的部分内容					2
4	协助技术主管完成项目的技术修复及优化工作					2
5	与相关职能部门沟通优化方案，推进执行					2

续表

岗位职责		权限
6	收集、整理项目优化后的效果信息，做好追踪、调研工作	2
7	完成领导临时交办的其他工作	2
8	进行所负责项目的培训工作（技术部分）	2
9	进行所负责项目的日常会议纪要及数据收集整理等工作	2
岗位工作关系		
所受监督	在本职业务工作开展中接受运维主管的监督	
所施监督	对所负责项目的技术顾问培训结果实施监督	
所施指导	对新进同岗位员工进行指导	
合作关系	在交互开发中与技术类岗位及策划类岗位发生合作关系	
任职资格		
学历	专科以上学历，计算机科学、虚拟现实应用技术、数字媒体技术等相关专业毕业	
知识	精通计算机科学、虚拟现实、数据结构、编译原理等理论知识，熟悉虚拟现实应用编程开发流程	
培训经历	接受过编程开发、运维训练、虚拟现实应用开发与管理等方面的培训	
工作经历	具有 1 年以上相关工作经验	
技能	1. 具有较强的沟通协调能力和计划执行能力； 2. 具有编程基础、项目执行能力； 3. 具有计算机科学及虚拟现实应用技术专业背景； 4. 了解行业相关政策，能够正确分析业务发展走势和方向	
工作时间特征、工作危险性、工作环境及使用工具		
工作时间特征	正常工作时间，依据工作要求有时需要加班	
工作危险性	无	
工作环境	办公室工作环境	
使用工具	计算机、一般办公用品	
工作绩效标准		
1	进行项目策划所依据的数据准确、及时、科学	
2	所制订的执行计划及项目方案切合实际、科学合理、可操作性强且行之有效	
3	及时、高效、准确地完成上级领导所交办的任务	
4	团队合作良好，上下级认可度较高	
6	在项目执行中，团队及部门间沟通流畅，执行高效	

从表 6-1 可知，虚拟现实运维类岗位需要处理软件、硬件、网络等多方面问题，同时需要协调多方以处理突发问题，是涉及技术、服务、协调的综合性岗位。结合市场调研与相关公司招聘信息，可以得到虚拟现实运维类岗位核心能力图谱，如图 6-2 所示。

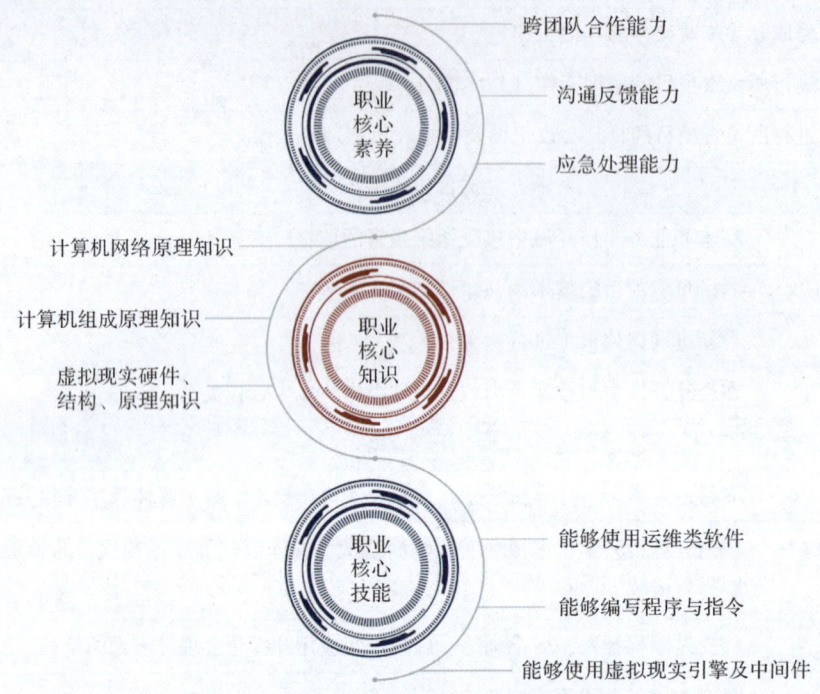

图 6-2　虚拟现实运维类岗位核心能力图谱

这里需要说明，虚拟现实运维类岗位必备知识与技能中，编写 Shell 脚本来自动化备份数据库、通过 Python 脚本处理文本数据、使用 Git 等版本控制工具等，常见的 Linux 或 Windows 服务器操作系统的基本命令行操作、系统监控、资源管理等，以及 IP 地址、子网掩码、网关、DNS 等网络基础概念相对分散在编程课程、计算机基础课程、网络原理基础课程中，在学习时需要着重注意与强化。

虚拟现实运维类岗位核心能力及其获得路径见表 6-2。

表 6-2　虚拟现实运维类岗位核心能力及其获得路径

能力	核心能力	获得途径
职业核心素养	跨团队合作能力	创新创业类课程、部分课程大作业、社会活动类课程
	沟通反馈能力	就业指导类课程、创新创业类课程、学习与工作积累
	应急处理能力	实践实训类课程、仿真实训类课程、学习与工作积累
职业核心知识	计算机网络原理知识	计算机基础课程、U3D/UE 课程
	计算机组成原理知识	计算机基础课程、编程类课程
	虚拟现实硬件、结构、原理知识	虚拟现实导论类课程、虚拟现实硬件使用与调试课程、U3D/UE 开发课程

续表

能力	核心能力	获得途径
职业核心技能	能够使用运维类软件	Python/Shell 等脚本语言类课程、MySQL 等数据库类课程
	能够编写程序与指令	计算机组成原理课程、计算机网络课程、C#语言课程
	能够使用虚拟现实引擎及中间件	U3D/UE 课程、虚拟现实导论类或虚拟现实开发类课程

6.2 虚拟现实项管理类岗位

6.2.1 虚拟现实项管类岗位概述与职业能力图谱

虚拟现实项管类岗位是指相关人员既有广泛的虚拟现实相关知识，又具有项目管理技能；能够对虚拟现实项目的成本、人员、进度、质量、风险、安全等进行准确的分析和卓有成效的管理，从而使虚拟现实项目能够按照预定的计划顺利完成的岗位。虚拟现实项管类岗位包括虚拟现实项目管理岗位、虚拟现实项目策划岗位等。

虚拟现实项管类岗位职业能力图谱如图 6-3 所示。其中，管理虚拟现实项目能力最为重要，它需要从业者不断对接项目需求、设计解决方案、管理项目进程。同时，该岗位还要求熟悉搭建虚拟现实系统、设计虚拟现实内容、优化虚拟现实效果、开发虚拟现实应用等全部相关流程内容，以保证在统筹与管理项目时准确估计工作量、时间节点、项目推进等内容，保障项目顺利完成。

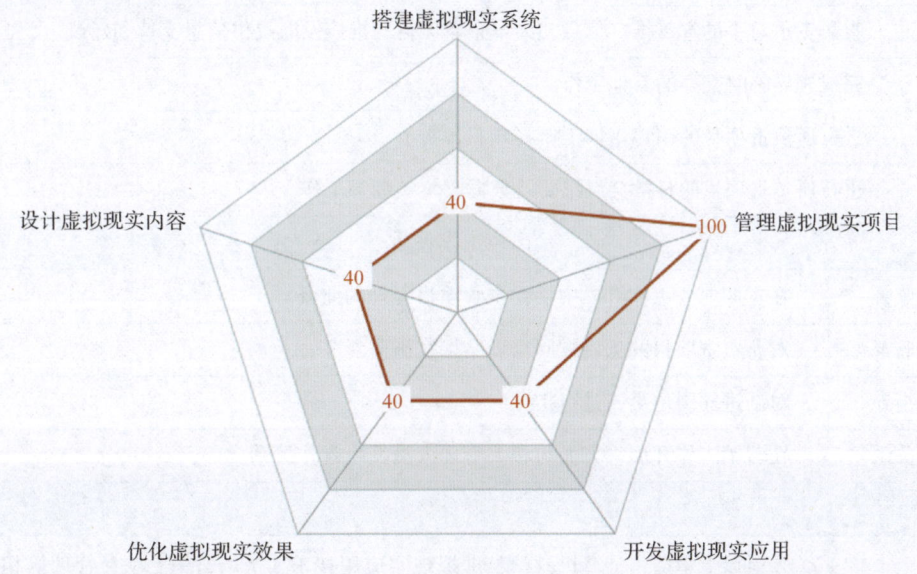

能力需求：了解（20）；熟悉（40）；掌握（60）；熟练（80）；精通（100）

图 6-3 虚拟现实项管类岗位职业能力图谱（单位：分）

6.2.2　虚拟现实项管类岗位核心能力及其获得路径

虚拟现实项管类岗位对职业素养、职业知识、职业技能要求较为明确。某公司项目专员岗位说明见表 6-3。

表 6-3　某公司项目专员岗位说明

职位名称	项目专员	岗位等级	七	可轮换岗位	无
直接上级	项目经理	直接下级	无	可晋升岗位	项目主管
职位概要	协助项目主管进行虚拟现实项目策划，前期负责整理收集材料等工作，及时完成策划任务					
薪资标准	基本工资 + 岗位补助 + 全勤奖金 + 项目佣金				

岗位职责		权限
1	依据项目工作计划，及时完成项目主管交代的工作，并提出自己的意见、建议	2
2	协助项目主管进行项目定位策划、程序流程设计，完成部分项目方案	2
3	协助进行项目模块策划，完成程序 UI 文案、广告宣传方案等部分内容	2
4	协助项目经理、项目主管完成项目的 CI、VI 的策划工作	2
5	依据项目的市场定位，参与编制项目全案	2
6	与相关职能部门、广告公司等协调，具体实施项目营销方案、项目执行方案、程序流程方案等	2
7	收集、整理项目执行方案的实施效果信息，做好追踪、调研工作	2
8	收集竞争对手的宣传推广信息，为本企业项目的推广及时提供信息支持和建议	2
9	完成领导临时交办的其他工作	2
10	进行所负责项目的销售培训工作（项目部分）	2
11	进行所负责项目的日常会议纪要及数据收集整理等工作	2

岗位工作关系	
所受监督	在本职业务工作开展中接受主管项目经理的监督
所施监督	对所负责项目的项目顾问培训结果实施监督
所施指导	对新进同岗位员工进行指导
合作关系	在营销工作开展等方面与相关管理人员发生合作关系

任职资格	
学历	专科以上学历，计算机科学、虚拟现实应用技术、市场营销、项目管理等相关专业毕业

续表

任职资格	
知识	精通计算机科学、虚拟现实应用技术、项目管理等理论知识,熟悉虚拟现实应用开发流程
培训经历	接受过软件项目开发、广告学、项目与管理等方面的培训
工作经历	具有1年以上相关工作经验
技能	1. 具有较强的沟通协调能力和计划执行能力; 2. 具有市场研究、项目营销、项目执行能力; 3. 具有计算机科学及虚拟现实应用技术专业背景; 4. 了解行业相关政策,能够正确分析业务发展走势和方向
工作时间特征、工作危险性、工作环境及使用工具	
工作时间特征	正常工作时间,依据工作要求有时需要加班
工作危险性	无
工作环境	办公室工作环境
使用工具	计算机、一般办公用品
工作绩效标准	
1	进行项目策划所依据的数据准确、及时、科学
2	所制订的执行计划及项目方案切合实际、科学合理、可操作性强且行之有效
3	及时、高效、准确地完成上级领导所交办的任务
4	团队合作良好,上下级认可度较高
6	在项目执行中,团队及部门间沟通流畅,执行高效

从表6-3可知,虚拟现实项管类岗位需要与甲方沟通项目信息、形成可行性方案、与多方(部门)沟通确定项目进度、保障项目顺利交付。结合市场调研与相关公司招聘信息,可以得到虚拟现实项管类专业岗位核心能力图谱,如图6-4所示。

虚拟现实项管类岗位职业核心素养包括良好的组织管理能力、快速识别与解决问题能力、风险控制与规避能力,在虚拟现实应用技术专业中在部分通识类课程、就业指导类课程及创新创业类课程中有所体现,但也需要从业者不断学习,不断地在生活与工作中积累。

对于虚拟现实项管类岗位职业核心知识,从业者应掌握虚拟现实应用基本制作流程知识,以统筹项目,保障项目顺利完成。同时,应了解项目管理类知识,特别是软件开发相关知识,包括各种开发流程以及项目设计、策划、交付方式。

对于虚拟现实项管类岗位职业核心技能,从业者应了解各种项目管理类软件——从传统的甘特图、OA到Microsoft Project、Jira和Smartsheet等,还应掌握PPT/项目书设计与制作方法,但需要注意，这些技能是辅助完成项目管理、汇报的，技能使用的策略取决于制作的内容、思路。同时，为了方便沟通与交流，从业者应具有制作、设计、复用快速原型的基本能力。

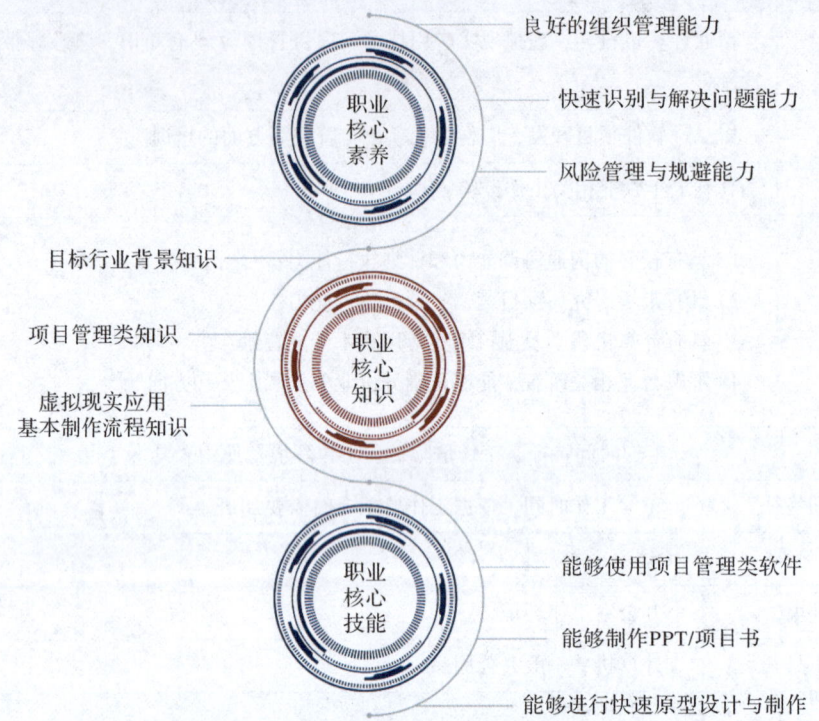

图 6-4 虚拟现实项管类岗位核心能力图谱

虚拟现实项管类岗位核心能力及其获得路径见表 6-4。

表 6-4 虚拟现实项管类岗位核心能力及其获得路径

能力	核心能力	获得途径
职业核心素养	良好的组织管理能力	社会实践课程、社团活动、工作与学习积累
	快速识别与解决问题能力	就业指导类课程、创新创业课程、工作与学习积累
	风险管理与规避能力	创新创业课程、工作与学习积累
职业核心知识	目标行业背景知识	行业报告、通识类课程、工作与学习积累
	项目管理类知识	项目管理类课程、软件开发理念与实践类课程
	虚拟现实应用基本制作流程知识	三维建模课程、虚拟现实应用开发课程、虚拟现实引擎课程
职业核心技能	能够使用项目管理类软件	甘特图、流程图、Microsoft Project、Jira 和 Smartsheet 等
	能够制作 PPT/项目书	Office 基础课程、Adobe 相关设计软件课程
	能够进行快速原型设计与制作	虚拟现实应用开发课程、编程类课程、软件开发类课程

6.3 虚拟现实开发类岗位

6.3.1 虚拟现实开发类岗位概述与职业能力图谱

虚拟现实开发类岗位是指使用虚拟现实引擎以及相关工具，面向虚拟现实设备，实现虚拟现实产品交互与相关功能的开发，并且完成测试与优化的岗位。虚拟现实开发类岗位包括虚拟现实开发岗位、虚拟现实算法岗位（面向程序或者虚拟现实引擎进行算法优化）以及虚拟现实测试岗等，并且根据所使用虚拟现实引擎的不同分为 UE 方向（基于 UE）、U3D 方向（基于 U3D）。

这里简单介绍虚拟现实应用开发的两条路径——基于 UE 的路径、以及基于 U3D 的路径，如图 6-5 所示。虚拟现实应用开发常见的软件有两种——UE（UE4/UE5）、U3D，这两种虚拟现实引擎各有特色，且应用范围较广，这里简单介绍其区别。

图 6-5　虚拟现实应用开发的两条路径

（1）U3D 交互基于 C#语言，而 UE 在前期无须编程基础，而是基于蓝图完成控制。

（2）U3D 的视觉效果比 UE 略逊一筹，尤其在高端硬件上的表现，因此 UE 还常常作为典型的影视渲染引擎，也是虚拟现实地编岗位与虚拟现实拍摄制作岗位的常用引擎。

（3）U3D 在手机 3D 应用和轻量级 3D 游戏方面表现优秀，并支持跨平台发布，设备兼容性也更好。

（4）U3D 和 UE 都拥有庞大的开发者社区，且有不同的行业应用，例如二者在工业数字孪生、动作捕捉后处理等方面均有应用。

二者本身无明显的优劣之分，初学者在学习中根据个人实际情况选择合适的虚拟现实引擎即可，但应注意前后课程的连续性。

虚拟现实开发类岗位职业能力图谱如图 6-6 所示。其中，开发虚拟现实应用能力最为重要，需要不断开发应用程序以及调试应用程序，才能保证虚拟现实应用开发顺利完成，其次是搭建虚拟现实系统能力，虚拟现实开发环境与应用环境的完整构建是虚拟现实应用开发顺利完成的前提与重要保障。

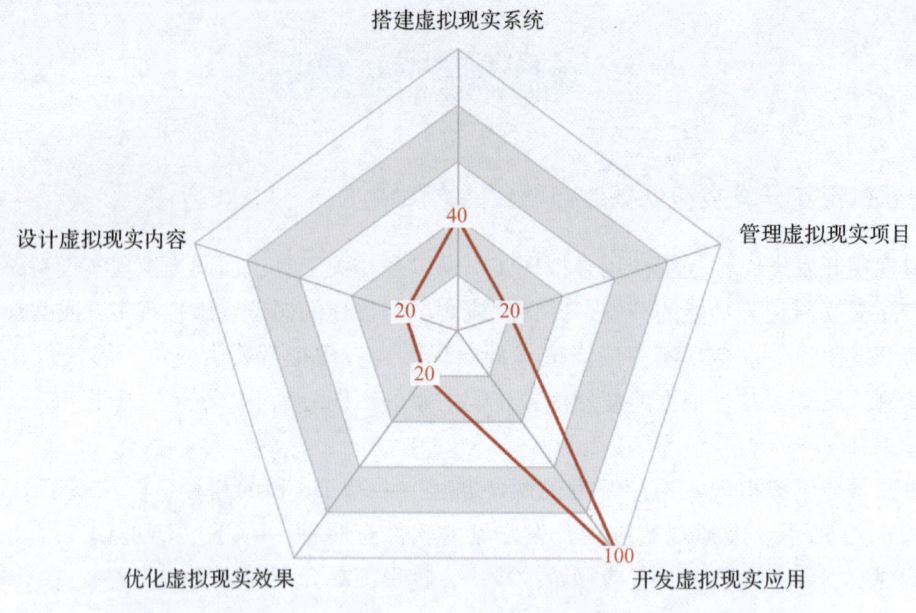

能力需求：了解（20）；熟悉（40）；掌握（60）；熟练（80）；精通（100）

图6-6 虚拟现实开发类岗位职业能力图谱（单位：分）

6.3.2 虚拟现实开发类岗位核心能力及其获得路径

虚拟现实开发类岗位是典型的开发型技术岗位，主要通过编程（配合虚拟现实引擎）实现对应功能、优化相关算法，因此其职业素养、职业知识、职业技能与计算机软件工程师相似，主要围绕逻辑、编程、虚拟现实引擎使用等方面展开。某公司开发技术岗位说明见表6-5。

表6-5 某公司开发技术岗位说明

职位名称	开发技术专员	岗位等级	七	可轮换岗位	UE开发
直接上级	开发技术总监	直接下级	开发技术助理	可晋升岗位	开发技术主管
职位概要	协助开发技术主管进行虚拟现实项目技术开发、编程开发等工作，及时完成技术任务					
薪资标准	基本工资+岗位补助+全勤奖金+项目佣金					
	岗位职责					权限
1	依据各技术工作计划，及时完成开发技术主管交代的工作，并提出自己的意见、建议					2
2	协助开发技术主管进行项目进度分析、程序流程设计，完成部分技术工作					2
3	协助进行项目模块开发，完成交互程序开发要求的部分内容					2
4	协助策划人员、开发技术主管完成项目的技术实现工作					2
5	依据项目的市场定位，参与技术策划					2
6	与相关职能部门沟通方案，推进执行					2

续表

岗位职责		权限
7	收集、整理项目执行的实施效果信息，做好追踪、调研工作	2
8	与运维人员及开发技术主管沟通，根据反馈完成修改	2
9	完成领导临时交办的其他工作	2
10	进行所负责项目的培训工作（技术部分）	2
11	进行所负责项目的日常会议纪要及数据收集整理等工作	2
岗位工作关系		
所受监督	在本职业务工作开展中接受开发技术主管的监督	
所施监督	对所负责项目的技术顾问培训结果实施监督	
所施指导	对新进同岗位员工进行指导	
合作关系	在交互开发中与运维人员及策划人员发生合作关系	
任职资格		
学历	专科以上学历，计算机科学、虚拟现实应用技术、数字媒体技术等相关专业毕业	
知识	精通计算机科学、虚拟现实应用、数据结构、编译原理等理论知识，熟悉虚拟现实应用开发流程	
培训经历	接受过编程开发训练、虚拟现实应用开发与管理等方面的培训	
工作经历	具有 1 年以上相关工作经验	
技能	1. 具有较强的沟通协调能力和计划执行能力； 2. 具有编程基础、项目执行能力； 3. 具有计算机科学及虚拟现实应用技术专业背景； 4. 了解行业相关政策，能够正确分析业务发展走势和方向	
工作时间特征、工作危险性、工作环境及使用工具		
工作时间特征	正常工作时间，依据工作要求有时需要加班	
工作危险性	无	
工作环境	办公室工作环境	
使用工具	计算机、一般办公用品	
工作绩效标准		
1	进行项目策划所依据的数据准确、及时、科学	
2	所制订的执行计划及项目方案切合实际、科学合理、可操作性强且行之有效	
3	及时、高效、准确地完成上级领导所交办的任务	
4	团队合作良好，上下级认可度较高	
6	在项目执行中，团队及部门间沟通流畅，执行高效	

结合市场调研与相关公司招聘信息，可以得到虚拟现实开发类岗位核心能力图谱，如图 6-7 所示。

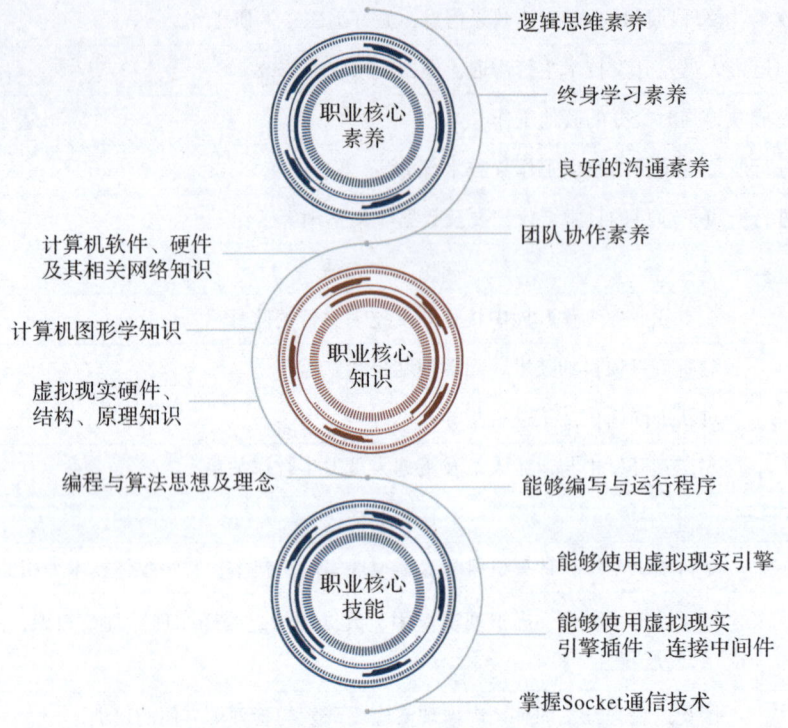

图 6-7　虚拟现实开发类岗位核心能力图谱

对于虚拟现实开发类岗位职业核心素养，逻辑思维素养是前提，无论是何种编程预算、虚拟现实引擎以及优化算法，均需要借助推理、演绎、归纳等逻辑手段，对问题进行深入分析、推理和判断。逻辑思维素养能够帮助开发者在面对复杂的和具有挑战性问题时保持冷静和专注，从而提供高质量的解决方案。因此，开发虚拟现实应用时需要有意识地、不断地培养自己逻辑思维素养。

在技术领域，持续学习是职业发展不可或缺的一部分。特别是虚拟现实技术的迭代和变化快速，这意味着开发者需要不断地更新自己的知识库和技能集，以保持竞争力。持续学习不仅有助于适应新技术，还能够提高解决问题的能力，增强创新思维。

大型项目的开发往往跨部门、跨平台乃至跨企业，因此开发者需要保持良好的沟通，并且具有团队协作意识，只有这样才能够较好地完成项目。

前面的章节已指出虚拟现实设备本身是冯·诺依曼计算机的一种变体，同时开发环境以及部分 VR 眼镜的驱动往往也依赖于计算机，因此开发者需要对计算机软件、硬件乃至计算机图像图形学知识有所了解，同时对虚拟现实硬件、结构、原理知识较为熟悉，并且具有完整的编程与算法理念。

对于虚拟现实开发类岗位职业核心技能，开发者需要能够根据需求以及面向行业选择对应的虚拟现实引擎，根据虚拟现实引擎选择合适编程语言，同时熟练使用虚拟现实引擎插件、连接中间件、开发或者发布平台。考虑到目前部分虚拟现实项目面向多人协同或者在网络端发布，开发者应了解 Socket 等通信技术。

虚拟现实开发类岗位核心能力及其获得路径见表 6-6。

表 6-6 虚拟现实开发类岗位核心能力及其获得路径

能力	核心能力	获得途径
职业核心素养	逻辑思维素养	数学与算法相关课程、学习与工作积累
	终身学习素养	就业指导类课程、思政类课程、学习与工作积累
	良好的沟通素养	就业指导类课程、创新创业类课程、学习与工作积累
	团队协作素养	创新创业类课程、部分课程大作业、社会活动类课程
职业核心知识	计算机软件、硬件以及相关网络知识	计算机组成原理课程、计算机网络原理课程、引擎开发与编程课程
	计算机图像图形学知识	计算机图像图形学基础课程（初、中级仅需了解）
	虚拟现实硬件、结构、原理知识	虚拟现实导论类课程、虚拟现实引擎开发类课程、编程类课程、电子通信类课程
	编程与算法思想及理念	编程类课程、算法类课程、高等数学课程
职业核心技能	能够编写与运行程序	程序编写类及相关课程（C#/Python/C++/SQL 等）
	能够使用虚拟现实引擎	U3D 课程、UE 课程、其他虚拟现实引擎类课程
	能够使用虚拟现实引擎插件、连接中间件	虚拟现实应用开发类课程、虚拟现实导论类课程、虚拟现实项目类课程
	掌握 Socket 通信技术	U3D 课程、UE 课程、计算机通信/网络类课程

6.4 虚拟现实建模类岗位

VR 内容设计
典型方向
数字创意建模

6.4.1 虚拟现实建模类岗位概述与能力图谱

虚拟现实建模类岗位的工作内容是使用三维建模软件（Maya、3ds Max 等），完成满足项目要求的场景、人物、道具建模，并且使这些模型可以在虚拟现实项目中被使用。该岗位按照建模对象分为虚拟现实原画设计师、虚拟现实人物建模师、虚拟现实场景建模师、虚拟现实动画师，按照建模等级分为虚拟现实建模师与次世代虚拟现实建模师。

虚拟现实建模类岗位能力图谱如图 6-8 所示。因为虚拟现实沉浸性对模型质量要求较高，所以虚拟现实建模师在精通虚拟现实内容设计的基础上，还要了解虚拟现实效果的优化。虚拟现实建模师往往使用次世代建模技术来优化虚拟现实效果。另外，虚拟现实建模师还需要了解虚拟现实引擎，以测试在虚拟现实环境中模型质量是否合格。

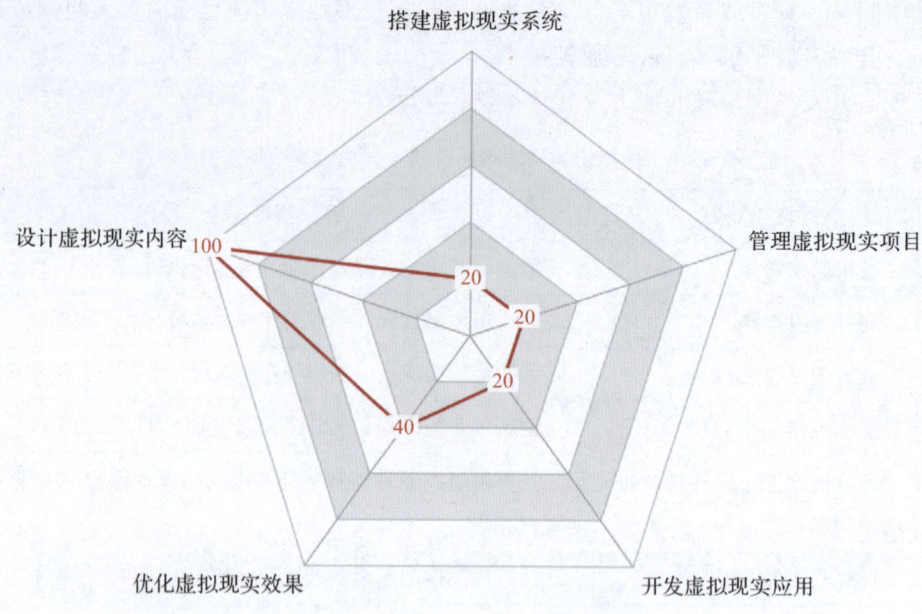

能力需求：了解（20）；熟悉（40）；掌握（60）；熟练（80）；精通（100）

图6-8 虚拟现实建模类岗位能力图谱（单位：分）

这里着重强调虚拟现实建模类岗位中最常见的次世代建模学习路径。在传统建模方法中，高精度的模型往往意味着更多的三角面片（一般说来，面数越多，模型的精度越高，所需要的性能开销就越大，越容易造成项目"卡死"），但虚拟现实硬件或者计算机的算力均有限，因此高精度的模型在带来更好沉浸感的同时，也带来更多的算力/性能开销。为了解决此矛盾，可以使用次世代建模技术，其本质是使用渲染好的高面数模型的渲染图，贴在低面数模型的表面，这时显示的是高面数模型，而虚拟现实引擎运行的是低面数模型，性能和画质达到平衡。

常见的次世代建模流程见表6-7。

表6-7 常见的次世代建模流程

步骤	步骤名称	使用软件	学习目标
1	使用三维建模软件完成低面数模型构建	3ds Max 或 Maya 等	掌握建模、展UV等的基本方法与技巧
2	基于步骤1中的低面数模型，绘制高面数模型	Zbrush 等	掌握Zbrush软件的高面数模型建模技术 掌握Zbrush软件的低面数模型拓扑技术 掌握Zbrush软件的UV拆分技术 掌握高/低面数模型的法线贴图烘焙技术 掌握Zbrush软件的贴面绘制技术

续表

步骤	步骤名称	使用软件	学习目标
3	使用 UV 拆分工具，对高面数模型的 UV 进行拓扑，也就是提取高面数模型的面数信息	RizomUV、3ds Max 等	掌握重叠 UV 修复技巧 掌握常见 UV 错误处理方法 掌握不同 UV 之间的 AO 处理方法
4	把拓扑好的 UV（如法线信息）烘焙（写入）到贴图中	Marmoset Toolbag 或 PT 新版等	掌握 Marmoset Toolbag 等烘培软件的基础操作方法 掌握常用的烘培方法 掌握烘培的参数设置，法线、曲线、AO 等贴图的烘培方法 掌握次世代建模贴图烘焙的基础操作及技巧
5	用 Photoshop 或 Substance 系列软件，对贴图进行进一步绘制，做出高精度贴图	Photoshop、Substance Painter、Substance Designer 等	掌握 PBR 材质的特点 掌握绘制 PBR 材质的方法 掌握贴图导出及设置方法 掌握贴图软件的综合应用
6	将模型置入渲染器，渲染出最终效果	Marmoset Toolbag、Keyshot 等	掌握后期实时渲染过程 掌握渲染软件环境设置、贴图导入的方法 掌握渲染器设置、摄像机后处理的方法 掌握渲染出图技术
7	将模型置入虚拟现实引擎，观察其效果	U3D、UE 等	掌握常见虚拟现实引擎的使用 掌握常见虚拟现实引擎的导入/导出 掌握常见虚拟现实引擎的光照系统 掌握常见虚拟现实引擎对模型的要求 掌握常见虚拟现实引擎对模型的驱动原理 掌握常见虚拟现实引擎的渲染流程与技巧

6.4.2 虚拟现实建模类岗位核心能力及其获得路径

某公司建模专员岗位说明见表 6-8。

表 6-8　某公司建模专员岗位说明

职位名称	建模专员	岗位等级	七	可轮换岗位	UI 设计
直接上级	建模总监	直接下级	美工助理	可晋升岗位	美术主管
职位概要	协助美术主管进行虚拟现实项目美术设计、素材制作等工作，及时完成美术任务				
薪资标准	基本工资＋岗位补助＋全勤奖金＋项目佣金				
岗位职责					权限
1	依据美术工作计划，及时完成美术主管交代的工作，并提出自己的意见、建议					2
2	协助美术主管进行项目进度分析、程序流程设计，完成部分美术工作					2
3	协助进行项目模块开发，完成程序素材开发要求的部分内容					2
4	协助项目经理、美术主管完成项目的美术设计工作					2
5	依据项目的市场定位，参与美术定调					2
6	与相关职能部门沟通方案，推进执行					2
7	收集、整理项目执行的实施效果信息，做好追踪、调研工作					2
8	与后续开发人员及主管沟通，根据反馈完成修改					2
9	完成领导临时交办的其他工作					2
10	进行所负责项目的培训工作（美术部分）					2
11	进行所负责项目的日常会议纪要及数据收集整理等工作					2
岗位工作关系					
所受监督	在本职业务工作开展中接受美术主管的监督				
所施监督	对所负责项目的美术顾问培训结果实施监督				
所施指导	对新进同岗位员工进行指导				
合作关系	在美术素材开发中与策划人员及后续开发人员发生合作关系				
任职资格					
学历	专科以上学历，计算机科学、虚拟现实应用技术、数字媒体技术、设计等相关专业毕业				
知识	精通计算机、虚拟现实应用、设计等理论知识，熟悉虚拟现实应用素材开发流程				
培训经历	接受过设计软件开发、虚拟现实应用开发与管理等方面的培训				
工作经历	具有 1 年以上相关工作经验				
技能	1. 具有较强的沟通协调能力和计划执行能力； 2. 具有美术基础、项目执行能力； 3. 具有计算机科学及虚拟现实应用技术专业背景； 4. 了解行业相关政策，能够正确分析业务发展走势和方向				

第六章　虚拟现实应用开发职业岗位与就业需求

续表

工作时间特征、工作危险性、工作环境及使用工具	
工作时间特征	正常工作时间，依据工作要求有时需要加班
工作危险性	无
工作环境	办公室工作环境
使用工具	计算机、一般办公用品
工作绩效标准	
1	进行项目策划所依据的数据准确、及时、科学
2	所制订的执行计划及项目方案切合实际、科学合理、可操作性强且行之有效
3	及时、高效、准确地完成上级领导所交办的任务
4	团队合作良好，上下级认可度较高
6	在项目执行中，团队及部门间沟通流畅，执行高效

从表 6-7 可知，虚拟现实建模岗位对艺术美术素养以及艺术创新能力有一定的要求，同时需要基于美学知识，利用多种建模软件完成相应工作。结合市场调研与相关公司招聘信息，可以得到虚拟现实建模类岗位核心能力图谱，如图 6-9 所示。

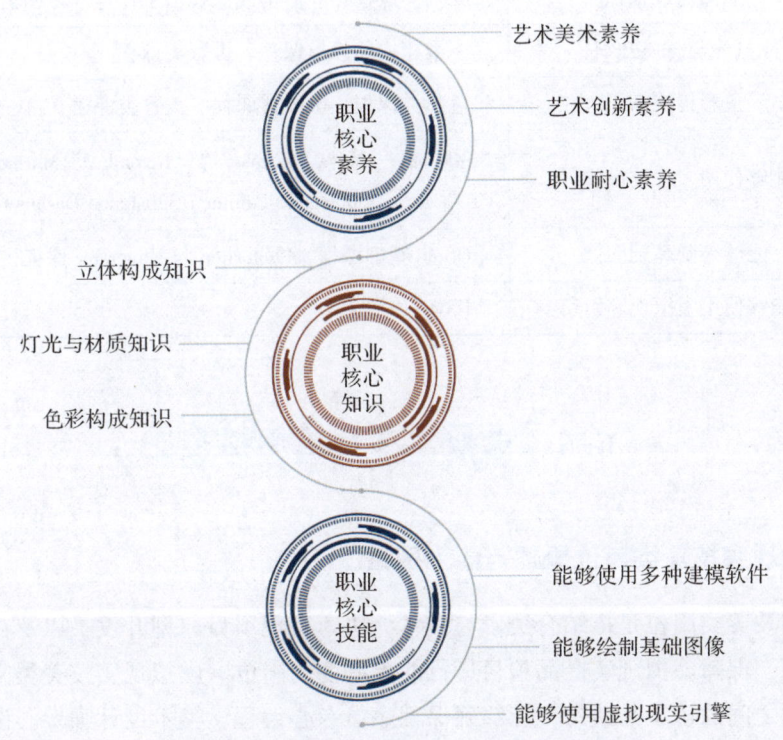

图 6-9　虚拟现实建模类岗位核心能力图谱

对于虚拟现实建模类岗位职业核心素养，因为涉及模型的设计与概念设计，所以需要一定的艺术美术素养和艺术创新素养，同时需要一定的职业耐心素养。

对于虚拟现实建模类岗位职业核心知识，需要系统学习三大构成知识，特别是其中的色彩构成与立体构成中的解剖学、比例、色彩、光影，同时应系统学习虚拟现实引擎灯光与材质相关知识，这是后续发展的基础。

对于虚拟现实建模类岗位职业核心技能，需要使用多种建模软件，如 Maya、3ds Max、Zbrush 等，不同的建模软件有各自的优势和应用场景，熟练使用这些建模软件能够提升工作效率和作品质量，另外，多种建模软件协同才能完成完成次世代建模流程；在建模中部分贴图与纹理、材质的优化需要依赖 Photoshop 等图像绘制类软件；同时应该系统掌握虚拟现实引擎，以检测模型在虚拟现实环境中的适配度与完成度。

虚拟现实建模类岗位核心能力及其获得路径见表 6-9。

表 6-9 虚拟现实建模类岗位核心能力及其获得路径

能力	核心能力	获得途径
职业核心素养	艺术美术素养	社会实践类课程、美育类课程、工作与学习积累
	艺术创新素养	创新创业类课程、通识类课程、工作与学习积累
	职业耐心素养	就业指导类课程、思政类课程、工作与学习积累
职业核心知识	立体构成知识	素描类课程、立体构成课程、工作与学习积累
	灯光与材质知识	三维建模软件类课程、摄影类课程
	色彩构成知识	色彩类课程、摄影类课程、美育类课程
职业核心技能	能够使用多种建模软件	3ds Max、Maya、Zbrush 等、RizomUV、Marmoset Toolbag 或 PT 新版等、Substance Painter、Substance Designer 等课程
	能够绘制基础图像	Office 基础课程、Photoshop 与 Illustrator 课程
	能够使用虚拟现实引擎	U3D/UE 课程

6.5 虚拟现实技美类岗位

6.5.1 虚拟现实技美类岗位概述与能力图谱

虚拟现实技美类岗位是指结合美术与技术，快速实现项目原型开发，以及在不降低项目质量的情况下，保障虚拟现实产品项目运行的流畅度的岗位。虚拟现实技美类岗位是程序员与美术设计师之间的桥梁与纽带，能够确保程序员专心编程、美术设计师专心设计。

虚拟现实技美类岗位能力图谱如图 6-10 所示。该岗位为高级技能岗位，要求精通虚拟现实效果优化技能，并且对设计虚拟现实内容与开发虚拟现实应用均较为熟悉。这里需要指出,技术美术对虚拟现实效果的优化往往基于数学、计算机图像图形学、计算机系统软/硬组成实现,这与虚拟现实建模类岗位的高/低面数模型处理有本质区别。

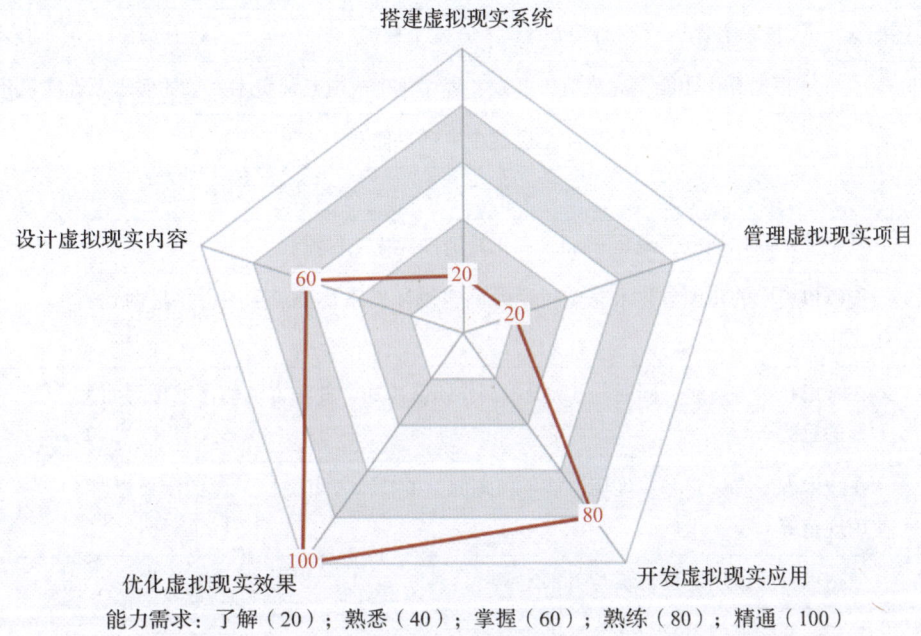

图 6-10 虚拟现实技美类岗位能力图谱(单位:分)

6.5.2 虚拟现实技美类岗位核心能力及其获得路径

在虚拟现实应用开发领域,虚拟现实技美类岗位是一个相对新颖的概念,其正面临快速增长的市场需求。在 2023—2024 年,该岗位的招聘信息增加了 68%。该岗位本质上是代码和美术之间的纽带。该岗位相关人员要保证虚拟现实项目性能达标,确保开发的一致性,还要制定相关的开发流程,以使项目以更快速度和更高质量交付。技术美术师往往是多面手,同时需要擅长某一专业领域,例如以下专业领域。

(1) 着色;
(2) 光照;
(3) 程序化创建;
(4) 脚本/管线工作;
(5) 优化;
(6) 视觉特效(FX)。

该岗位相关人员需要经常与程序员一起查看项目性能并分析数据,然后开展头脑风暴并优化项目内容。技术美术师必须是工具和技术方面的专家,需要了解最佳方案并且知道如何最有效地利用工具。大型虚拟现实、游戏、影视开发公司均较为缺少该岗位。某公司技术美术工程师岗位说明见表 6-10。

表6-10 某公司技术美术工程师岗位说明

职位名称	技术美术工程师	岗位等级	五	可轮换岗位	无
直接上级	技术主管	直接下级	开发工程师/美工	可晋升岗位	技术主管
职位概要	根据具体职能，完成渲染开发、程序化生成或其他美术效果的实现及性能优化					
薪资标准	基本工资+岗位补助+全勤奖金+项目佣金					
岗位职责					权限
1	制定美术制作规范，编写Shader和工具插件优化工作流程				2
2	能够以美术的角度与艺术总监讨论并确定设计思路及美术意图，并贯彻到创作之中				2
3	在考虑技术方案时，同时与3D美术制作团队沟通，使各方能够深度理解相关方案的思路				2
4	在技术方案有一定完成度后，能够梳理完整的技术方案文档，包括制作思路、使用规范等				2
5	依据项目的市场定位，参与美术定调				2
6	与相关职能部门沟通方案，推进执行				2
7	根据项目策划、美术和程序的变化，不断维护美术内容开发流程、规范，以及虚拟现实引擎工具的使用				2
8	与后续开发人员及主管沟通，根据反馈完成修改				2
9	完成领导临时交办的其他工作				2
10	根据项目开发中策划、美术和程序的变化，不断维护、优化美术工作流程，依据性能测试制定美术资源开发的技术规范				2
11	编写文档，参与美术技术库的建设				2
岗位工作关系					
所受监督	在本职业务工作开展中接受技术主管的监督				
所施监督	对所负责项目的其他人员进行系统化培训				
所施指导	对美工、程序员、引擎开发师进行培训				
合作关系	在美术素材开发中与策划人员及开发人员发生合作关系				
任职资格					
学历	本科或者研究生以上学历，计算机科学、虚拟现实应用技术等专业毕业				
知识	精通计算机科学、虚拟现实应用技术、设计等理论知识，熟悉虚拟现实应用素材开发流程				
培训经历	接受过设计软件开发、虚拟现实应用开发与管理、计算机地域逻辑等方面的培训				

续表

任职资格	
工作经历	具有较好审美和美学功底，对光影、色彩、动态具有明确的理解和辨识能力，精通虚拟现实引擎中各类资源开发的流程和规范。 精通至少一种主流虚拟现实引擎，如 U3D、UE 等。 具有 2 年以上的 U3D/UE 项目经验，熟练掌握材质编辑、地编工具、资源管理、性能优化、版本管理等基本技术知识。 熟悉渲染管线中的各个关键步骤及原理
技能	对于数学中的三角学和向量有着扎实的基础。 至少拥有一个"传统"职业背景，例如关卡设计、场景美术、动画或者编程。 最好具有丰富的脚本编写经验，例如 MAXScript、Python、MATLAB。 掌握 UE 技能：蓝图、材质、关卡流送。 了解计算机在硬件和软件层面的工作原理

工作时间特征、工作危险性、工作环境及使用工具	
工作时间特征	正常工作时间，依据工作要求有时需要加班
工作危险性	无
工作环境	办公室工作环境
使用工具	计算机、一般办公用品

工作绩效标准	
1	进行项目策划所依据的数据准确、及时、科学
2	所制订的执行计划及项目方案切合实际、科学合理、可操作性强且行之有效
3	及时、高效、准确地完成上级领导所交办的任务
4	团队合作良好，上下级认可度较高
6	在项目执行中，团队及部门间沟通流畅，执行高效

显然虚拟现实技美类岗位对技术学历、能力、专业背景等的要求均较高，但其学习路径也较为复杂，且不同企业对该岗位的要求也不同。结合市场调研与相关公司招聘信息，可以得到虚拟现实技美类岗位核心能力图谱，如图 6-11 所示。

对于虚拟现实技美类岗位职业核心素养，优秀的沟通素养十分关键。该岗位相关人员需要和不同项目中的不同人员打交道，必须通过提问和提供反馈来保证沟通渠道的顺畅，同时需要一定的艺术美术素养和艺术创新素养。该岗位相关人员要始终努力掌握最新技术，以此为企业提供高价值信息。

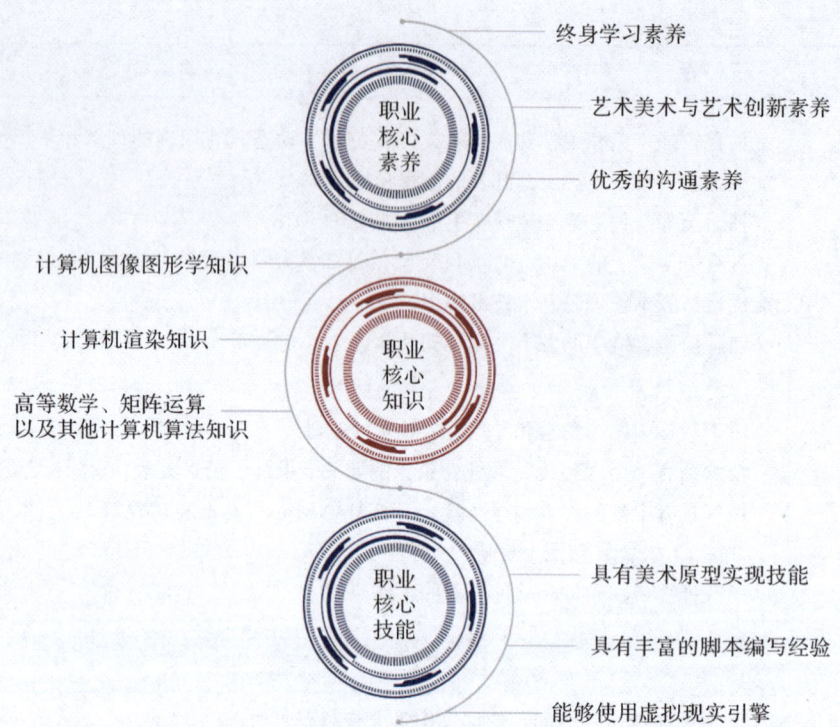

能力需求：了解（20）；熟悉（40）；掌握（60）；熟练（80）；精通（100）

图 6-11 虚拟现实技美类岗位核心能力图谱（单位：分）

虚拟现实技美类岗位相关人员需要对计算机图像图形学，计算机渲染知识，高等数学、矩阵运算以及其他计算机算法知识有较好的掌握，从而从底层实现视效与运行效率的平衡。

虚拟现实技美类岗位职业核心技能包括以下三种。

（1）美术原型实现技能。随着越来越多程序化内容创建手段的出现（例如蓝图、基于噪声/着色器的创建手段），虚拟现实项目团队会将新画面或内容创建手段方面的测试和原型开发工作交给该岗位相关人员。在使用 3ds Max 和 Python 等 3D 渲染软件编写脚本时，还需要协助开发相关工具，并与引擎/渲染程序员紧密合作，分享有关工具和原型结果的反馈。通常可以只凭借 UE 蓝图/U3D 着色器，在几天时间内制作出一款功能齐全的项目原型，并向团队进行演示。之后，团队可能花费数周时间使用其他语言将相同模型以某种通用方式"正式"重写进虚拟现实引擎中。因此，该岗位需要快速的美术原型实现技能。

（2）丰富的脚本编写经验。技术美术往往需要与计算机或者引擎底层打交道，以实现预期目标，特别是优化向的技美类岗位相关人员，往往需要对计算机在硬件与软件层面上的工作原理十分熟悉，并且了解数学中的三角学和向量矩阵相关知识，因此其往往需要更多的编程语言以适配不同的环境，除了常用的 C++、C#和 Python 以外，还需要 MAXScript、MATLAB 等编程语言实现算法与数据的处理。

（3）虚拟现实引擎的使用技能。虚拟现实技美类岗位相关人员应熟悉 UE 或者 U3D 二者之一，并且应熟练掌握渲染部分（如 Shader 等）。

虚拟现实技美类岗位核心能力及其获得路径见表 6-11。

第六章 虚拟现实应用开发职业岗位与就业需求

表6-11 虚拟现实技美类岗位核心能力及其获得路径

能力	核心能力	获得途径
职业核心素养	艺术美术与艺术创新素养	美育类课程、创新创业类课程、通识类课程、工作与学习积累
	终身学习素养	就业指导类课程、思政类课程、学习与工作积累
	优秀的沟通素养	就业指导类课程、创新创业类课程、学习与工作积累
职业核心知识	计算机图像图形学知识	虚拟现实原理课程、计算机图像图形学课程、学习与工作积累
	计算机渲染知识	计算机图形学（渲染方向）课程、OpenGL课程、学习与工作积累
	高等数学、矩阵运算以及其他计算机算法知识	数据结构与算法课程、算法导论课程、高等数学与线性代数课程、学习与工作积累
职业核心技能	具有美术原型实现技能	三维建模课程、视觉创新课程、原型设计课程、学习与工作积累
	具有丰富的脚本编写经验	MATLAB课程、算法实践课程、计算机系统课程、学习与工作积累
	能够使用虚拟现实引擎	U3D/UE课程（Shader、管线、多线程等部分）

6.6 虚拟现实其他类岗位

6.6.1 虚拟现实UI设计岗位概述

虚拟现实UI设计岗位主要负责设计虚拟现实软件、应用、网站等产品的UI。虚拟现实UI设计岗位的工作内容涵盖了视觉设计、交互设计以及用户体验设计等多个方面，以提升产品的易用性、满意度以及用户黏性为目标。

此外，虚拟现实UI设计岗位还需要与开发团队紧密合作，确保设计方案得到有效执行，并根据用户反馈和数据分析不断优化设计。虚拟现实UI设计岗位相关人员需要具有创意、美学、用户体验等方面的知识和技能，同时需要不断学习和创新，以适应不断变化的市场需求。

虚拟现实UI设计岗位可以视为面向虚拟现实项目进行UI设计，因此其工作职责与传统UI设计岗位相似，具体如下。

（1）参与产品设计和规划。与产品经理、交互设计师等团队成员紧密合作，参与产品设计和规划，提出基于用户需求的设计方案，从用户体验和视觉的角度提供专业建议。

（2）设计 UI。根据产品需求和用户研究结果，设计出符合用户习惯和企业品牌形象的 UI，包括图形、图标、按钮、菜单、标签页等元素，并确保 UI 的整体风格和色彩搭配协调一致。

（3）制定设计规范。根据产品需求和用户研究结果，制定设计规范，包括交互设计，布局设计，字体、颜色、排版等元素的标准，以确保设计的可维护性和一致性。

（4）参与用户测试和反馈。参与用户测试，了解用户对产品的反馈和建议，并根据这些反馈对设计进行调整和优化，以提高产品的易用性和用户体验。

（5）与团队成员沟通协作。与其他团队成员保持良好的沟通和协作关系，包括产品经理、交互设计师、前端开发工程师等，确保设计方案得到有效执行和实现。

（6）跟踪和评估设计效果。对设计效果进行跟踪和评估，了解设计方案在实际应用中的表现，并根据反馈进行优化和改进。

这里重点强调虚拟现实 UI 设计需要注意的几个方面。

（1）面向界面变化。

传统 UI 设计面向平面媒介，其有标准的画布尺寸，而虚拟现实项目中的画布往往根据项目决定，例如基于 HTC Vive 的 VR 眼镜可以设置为 360°环绕式，也可以设置为平面式，但考虑到头部自由度和人眼可视角度，往往根据设备的最大视角自由设置。

虚拟现实 UI 设计工作界面角度示意如图 6 - 12 所示。

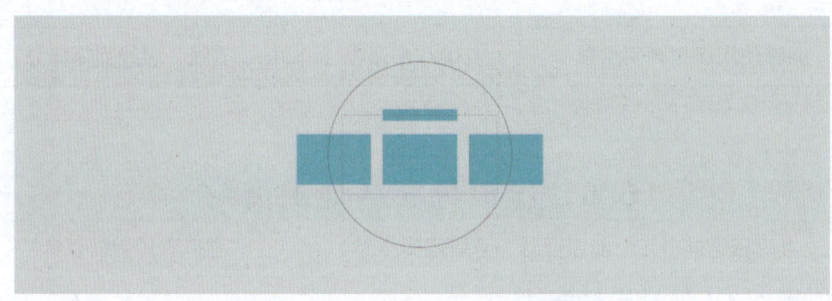

图 6 - 12　虚拟现实 UI 设计工作界面角度示意

（2）交互方式变化。

传统 UI 设计基于输入设备（鼠标）悬停、按压等进行设计，触发交互效果，而虚拟现实项目中交互方式较多，包括射线悬停交互、射线检测交互、移动定位触发交互等，因此在设计时，应对虚拟现实项目有所了解，以适应其交互多样性。

6.6.2　虚拟现实拍摄制作岗位概述

虚拟现实拍摄制作岗位分为虚拟现实拍摄岗位、虚拟现实制作岗位，也涉及部分虚拟现实地编岗位，该岗位利用虚拟现实引擎将数字世界与物理世界实时结合在一起。它将传统电影制作技巧与现代技术融合，有助于创作者

VR 内容设计典型方向虚拟现实引擎与制片

实现其愿景。

多年来，传统直播与拍摄行业一直通过虚拟制片方式，为体育节目和选举报道等现场直播制作实时画面，这类节目的传入数据会不断变化，画面必须动态更新。如今，除了为实况广播和活动创建最终像素，在动画内容的创作过程中，以及在贯穿片场主要拍摄工作前期、中期和后期的实景电影制片过程中，写实或风格化的高保真实时图像已成为至关重要的一部分。

传统的电影制片从前期制作（提出概念和规划）到制作（拍摄），再到最终的后期制作（剪辑、调色和添加视效），是一个线性的流程。由于在流程的最后阶段才能看到所有元素整合而成的结果，所以进行修改非常耗费时间和成本。这在很大程度上限制了电影制作者灵活创意的能力。

虚拟现实拍摄制作岗位工作流程如图 6-13 所示。

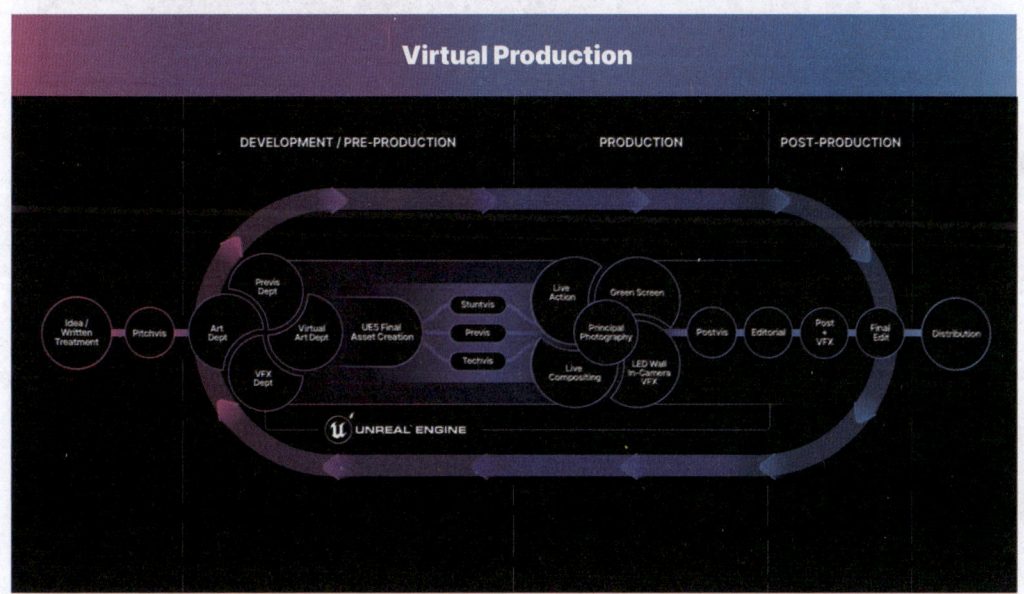

图 6-13　虚拟现实拍摄制作岗位工作流程（来源：UE 官网）

无论是实拍元素，还是视觉效果或动画内容，通过虚拟制片，电影制作者能够在制作前、制作中和制作后以可视化方式查看其影片的各方面内容。可视化过程如下。

（1）虚拟预演（图 6-14）。

（2）创意预演。

（3）技术预演。

（4）特技预演（也称为动作设计）。

（5）后期预演（图 6-15）。

（6）现场合成（也称为协同摄影）。

虚拟现实拍摄制作岗位要求精通虚拟现实引擎（特指 UE5），并且对动作捕捉、影视拍摄、影视剪辑等均有较为全面的了解。UE 官网提供了一系列相关教程，有兴趣的同学可以进行探索与学习（图 6-16）。

图6-14 虚拟预演（来源：PRO Xi Virtual Production）

图6-15 基于UE的后期预演（来源：SOKRISPY MEDIA）

（右侧为成片）

【思考与巩固】

(1) 虚拟现实应用开发岗位都有哪些？

(2) 作为一名运维专员，遇到突发运维事故时在第一时间应该向哪些人员汇报沟通？

(3) 作为一名开发人员，在交互开发过程中遇到项目策划修改的情况时，应该优先处理哪些事情？

图 6-16 基于 UE 的虚拟拍摄与制作教程

【实践与展示】

(1) 与 3 位以上专业教师、比赛指导教师和企业教师讨论,确定虚拟现实应用技术专业需要学习哪些课程,将讨论结果做成技能树的形式,并与同学分享。

(2) 根据所学内容,为自己制订一份职业生涯规划,并以此参加职业生涯规划比赛。

第七章

认识增强现实/混合现实技术

自远古时代起,人类就常常幻想能"无中生有",或者自由穿梭于时空,而虚拟现实、增强现实和混合现实技术在感官层面给了人们这种能力和自由。尽管虚拟现实、增强现实和混合现实概念已经出现了几十年,但虚拟现实/增强现实/混合现实大量出现在科技媒体上吸引各方关注是近年的事情。虽然虚拟现实/增强现实/混合现实同时受到多方关注,但从技术角度和应用前景来看,虚拟现实和增强现实/混合现实还是存在较大差别。前者将用户的感官与现实世界隔离,使其完全沉浸在虚拟环境中,而后者将计算机渲染生成的虚拟环境与真实环境进行无缝融合,通过显示设备将虚实融合的场景呈现给用户。第一章简要阐述了增强现实和混合现实的概念,从定义和应用上来说二者差别不大,因此本章在描述时不对其进行区分,而是用增强现实/混合现实来表示。本章介绍增强现实/混合现实技术的概念、关键技术、应用实践及其发展趋势,进一步加深对增强现实/混合现实的理解。

【知识目标】
(1) 认识增强现实与混合现实,了解其相关技术及其应用情况。
(2) 了解增强现实/混合现实技术未来的发展趋势。

【能力目标】
准确认知增强现实/混合现实技术,了解增强现实/混合现实技术及其应用,了解增强现实/混合现实技术的现状与发展趋势,找到感兴趣的增强现实/混合现实技术并自行拓展相关知识。

【素养目标】
通过对增强现实/混合现实技术的认知,了解增强现实/混合现实技术的现状与未来发展趋势,构建增强现实/混合现实技术的基础知识面。

7.1 增强现实/混合现实概念辨析

7.1.1 增强现实/混合现实技术概述

1. 什么是增强现实技术

增强现实技术是一种将虚拟信息与真实世界融合的技术,通过实时地计算摄像机的位

AR、VR、MR 技术混讲

专家讲述 AR 与 MR 等技术

置及角度，将计算机生成的虚拟信息叠加到真实世界中，并允许用户与虚拟信息进行交互。它将虚拟信息（包括计算机生成的模型、图像、文字、声音、视频等）带到用户周围的环境中，向用户提供真实世界中不存在、难感知、易忽略的信息，增强用户对真实世界的认知。

为了更好地理解增强现实，下面来看一个例子。如图7-1所示，一个虚拟人物被叠加渲染在一幅图像之上。该图像是摄像机拍摄的真实环境图像，当摄像机的位置和角度调整时，虚拟人像会实时进行调整，同时允许用户与虚拟人物进行交互，这在视觉上给人一种"虚拟人物存在于真实环境中"的逼真体验，达到虚拟融合效果。

图7-1　增强现实/混合现实实例

虽然增强现实在近年才被关注，但在1992年，波音公司的工程师汤姆（Tom Caudel）在他设计的一个辅助布线系统中就提出了"增强现实"一词，并在飞机装配布线系统中引入了该技术，如图7-2所示。这个系统通过头戴式显示器把飞机关键布线和文字提示信息的虚拟画面叠加到飞机机体上，以帮助机械师组装布线，以减少出错，提高效率。汤姆在其

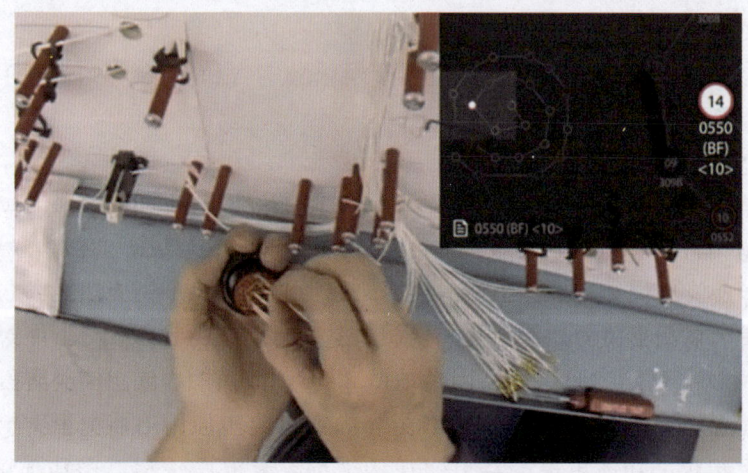

图7-2　波音公司员工根据AR眼镜的提示进行布线

论文中首次提出"增强现实"一词，用来描述将计算机呈现的元素覆盖在真实世界上这一技术。他还探讨了增强现实相对于虚拟现实的优点，比如增强现实需要计算机呈现的元素相对较少，因此对计算机处理能力的要求也较低。

2. 什么是混合现实技术

混合现实技术是一种将虚拟信息和真实世界深度融合的技术。在1994年，保罗·米尔格拉姆（Paul Milgram）和岸野文郎（Fumio Kishino）首次提出"现实–虚拟连续统一体"（Milgram's Reality–Virtuality Continuum）的概念，对混合现实的内涵进行开创性的探讨。他们将"现实–虚拟连续统一体"看成一个一维坐标空间，横轴的左端为纯真实环境，横轴的右端为纯虚拟环境，位于它们中间的部分被称为混合现实。其中靠近纯真实环境的是增强现实，靠近纯虚拟环境的则是增强虚拟。根据他们的阐述，混合现实包含了增强现实和增强虚拟，强调了混合现实是真实环境与虚拟环境的无缝融合。在混合现实中，增强现实是最典型的代表，国内外对增强现实技术的研究远超过其他相关技术。此外，加拿大学者杨认为混合现实是一个概念，它关注的是虚拟世界与现实世界以何种方式交互融合，而不是指某一种特定的技术。

3. 增强现实、混合现实的异同

1）相同点

（1）都需要使用传感器、计算机视觉和图像处理等技术。

（2）都需要提供自然、直观的交互方式，如手势、语音和触摸等。

（3）都需要使用高性能的硬件设备，如摄像头、传感器和显示器等。

（4）都需要处理大量的数据，如图像、视频和空间数据等。

（5）都可以提供更加真实和沉浸式的用户体验，以及更加高效和准确的工作方式。

2）区别

（1）融合程度不同：增强现实主要是在现实世界中添加虚拟元素，而混合现实则是将虚拟元素与现实世界进行深度融合。

（2）技术难度不同：混合现实需要更高级的技术，如空间感知技术、虚实融合技术和算法技术等，而增强现实的技术难度相对较低。

（3）应用场景不同：增强现实主要应用于娱乐、广告和教育等领域，而混合现实则主要应用于工业、医疗和军事等领域。

4. 增强现实、混合现实辨析

2015年，微软HoloLens设备横空出世，增强现实和混合现实概念被分离开来。增强现实普遍指黑白Marker和图片增强现实应用，而混合现实采用SLAM（地图构建与实时定位）进行三维重建并获取摄像头轨迹。

从增强现实的角度来说，混合现实就是利用深度信息或场景分析，实现高质量的三维重建或场景理解，然后将虚拟物体融入真实环境，例如实现真实物体遮挡虚拟物体。目前移动端的设备增强现实技术也能够实现对现实的感知，进一步完成虚拟与现实的交互，因此增强现实与混合现实在技术和效果上的分界线比较模糊，本书后续统一用增强现实/混合现实表述。

5. 增强现实/混合现实系统组成

典型的增强现实/混合现实系统结构如图 7-3 所示，它由虚拟场景生成单元、图像输入设备、计算机显示器、跟踪设备和交互设备构成①。其中虚拟场景生成单元负责虚拟场景的建模、管理、绘制和其他外设的管理；图像输入设备负责现实信息的捕获；计算机显示器负责显示虚拟和现实融合后的信号；跟踪设备用于跟踪用户位置和姿态的变化；交互设备用于实现感官信号及环境控制操作信号的输入/输出。

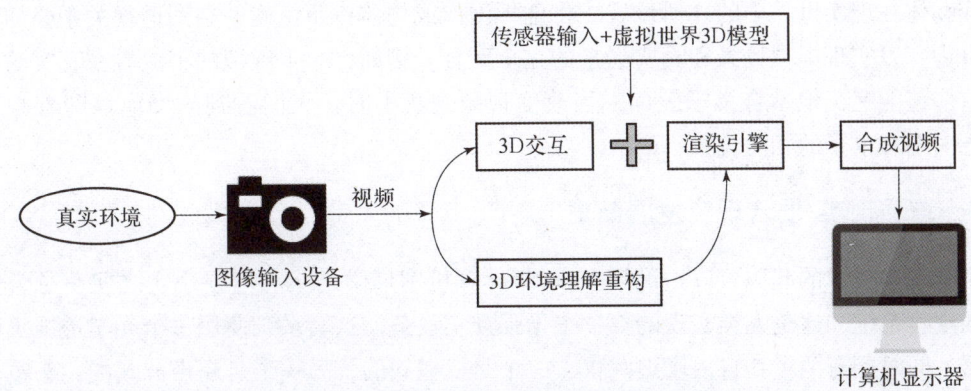

图 7-3 典型的增强现实/混合现实系统结构

7.1.2 增强现实/混合现实技术特征

根据 1997 年北卡罗来纳大学教授罗纳德·阿祖玛（Ronald Azuma）对增强现实/混合现实的定义，增强现实/混合现实具有三个基本特征：①虚实融合；②实时交互；③三维注册。尽管 20 多年过去，增强现实/混合现实已经有了长足的发展，系统实现技术也有所变化，但这三个基本特征仍然是增强现实/混合现实系统不可或缺的。

1. 虚实融合

增强现实/混合现实没有完全取代现实世界，反而更依赖现实世界。它将计算机生成的虚拟物体和信息叠加或合成到现实世界（不是直接替换），以使用户对现实世界产生更直观深入的了解。增强的信息可以是与现实世界相关的非几何信息，如图片、视频、文字；也可以是几何信息，如虚拟的三维模型和场景。同时，为了增加用户的现实体验，要求系统具有很强真实感，为了达到这个目标，不只考虑虚拟事物的定位，还需要考虑虚拟事物与真实事物之间的遮挡关系并具备四个条件——几何一致、模型真实、光照一致和色调一致，这四者缺一不可，任何一种条件的缺失都会导致效果不稳定，从而严重影响增强现实/混合现实体验。

2. 实时交互

在增强现实/混合现实为用户提供虚实融合场景的基础上，为了提高系统的沉浸感和信息传递效果，需要突破虚拟与现实的界限，构建用户在真实环境下与虚拟信息的实时互动方

---

① 图中图像输入设备和计算机显示器之间即跟踪设备和交互设备、虚拟场景生成单元，图中未作明确指示。

式，而非单纯地显示静态信息。增强现实/混合现实通过系统中的交互接口设备，实现虚拟世界和现实世界的实时同步，用户能通过现实世界及时地获取相应的反馈信息并与现实世界中的虚拟信息通过语音、手势等实现多模态信息的操作交互。

3. 三维注册

三维注册有时也被称为跟踪注册或配准，是对显示场景中图像或物体进行跟踪和定位的过程。增强现实/混合现实需要实时地跟踪摄像机的姿态，计算出摄像机影像的位置及虚拟图像或物体在现实世界中的注册位置，将虚拟图像或物体按照正确的空间透视关系叠加到显示场景中，以实现虚拟场景和真实场景的完全融合。例如，一本虚拟的书放置在真实的桌面上，它应该能完美地贴合桌子表面，当改变视角观察书时，人们看到的书应该随着视角改变，同时书和桌子的相对位置不变。

7.1.3 增强现实/混合现实发展简史

增强现实技术的起源可以追溯到1966年计算机图形学之父和增强现实之父萨瑟兰开发的增强现实系统，这是人类实现的第一个增强现实设备。这套系统使用一个光学透视头戴式显示器，同时配有两个6自由度追踪仪，一个是机械式的，另一个是超声波式的，头戴式显示器由其中之一进行追踪。受制于当时计算机的处理能力，这套系统将显示设备放置在用户头顶的天花板上，并通过连接杆和头戴式显示器相连，能够将简单线框图转换为3D效果的图像。虽然这套系统被业界认为是虚拟现实和增强现实发展历程中程碑式的产品，不过在当时除了得到大量科幻迷的热捧外，并没有引起很大轰动。笨重的外表和粗糙的图像系统都大大限制了该产品在普通消费者群体中的发展。

由于增强现实技术的颠覆性和革命性，增强现实技术获得了大量关注。早在20世纪90年代，就有增强现实游戏上市，但由于当时的增强现实技术价格较高、其自身延迟较长、设备计算能力有限等缺陷，这些增强现实游戏以失败收尾，第一次增强现实热潮就此消退。

1992年，波音公司的研究人员汤姆和他的同事都在开发头戴式显示系统并提出"增强现实"一词，"增强现实"这一术语正式诞生。

1994年，增强现实技术首次在艺术上得到发挥。艺术家Julie Martin设计了一场叫作"赛博空间之舞"（Dancing in Cyberspace）的表演。舞者作为现实存在，舞者与投影到舞台上的虚拟内容进行交互，在虚拟的环境和物体之间婆娑，这使增强现实概念得到非常到位的诠释。这是世界上第一个增强现实戏剧作品。

1997年，Ronald Azuma发布了第一个关于增强现实的报告，增强现实的定义确定（见7.1.1节混合现实的定义）。

1999年，奈良先端科学技术学院（Nara Institute of Science and Technology）的加藤弘一（Hirokazu Kato）教授和Mark Billinghurst共同开发了第一个增强现实开源框架ARToolKit，带来App革命的第一个增强现实SDK。

2000年，Bruce Thomas等人发布AR-Quake，它是流行计算机游戏Quake（雷神之锤）的扩展，这是第一款增强现实游戏。

2012 年，谷歌宣布开发 Project Glass 增强现实眼镜项目，并于 2014 年正式发布增强现实眼镜 Google Glass，次年现象级手游 Pokemon Go 的风靡彻底让增强现实出现在大众视野中。

到了 2014 年，Facebook 以 20 亿美元收购 Oculus 后，类似的增强现实热潮再次袭来，苹果、Facebook、华为、三星等大企业纷纷布局增强现实，在 2015 年和 2016 年两年间，增强现实领域共进行了 225 笔风险投资，投资额达到了 35 亿美元，原有的领域扩展到多个新领域，如城市规划、虚拟仿真教学、手术诊疗、文化遗产保护等。

如今，增强现实、虚拟现实等沉浸式技术正在快速发展，在一定程度上改变了消费者、企业与数字世界的互动方式。用户期望在更大程度上从 2D 转移到沉浸感更强的 3D，从 3D 获得新的体验，包括商业、体验店、机器人、虚拟助理、区域规划、监控等，人们的体验从只使用语言功能升级到包含视觉在内的全方位体验。而在这个发展过程中，增强现实将超越虚拟现实，更能满足用户的需求。增强现实技术相关企业的发展情况示意如图 7-4 所示。

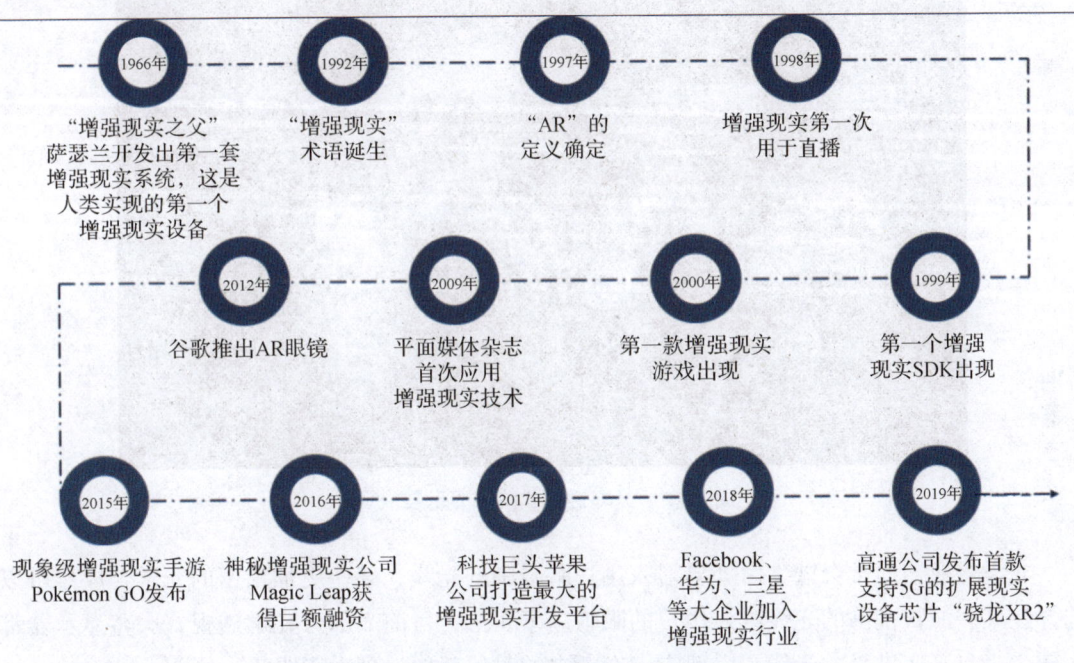

图 7-4　增强现实技术相关企业的发展情况示意

7.2　增强现实/混合现实技术发展

7.2.1　常见增强现实/混合现实设备

目前常见的增强现实/混合现实设备可分为头戴式显示设备、手持式显示设备以及投影式显示设备 3 种。

专家讲述 AR 具体细分技术

1. 头戴式显示设备

增强现实/混合现实所用到的头戴式显示设备主要是透视式头盔显示器，其分为两种：光学透视式头盔显示器与视频透视式头盔显示器。标准的封闭式头盔显示器无法让用户直接看到周围的任何真实物体。相比之下，透视式头盔显示器让用户直接看到周围的真实环境，再使用光学或者视频技术将虚拟物体叠加在真实环境中。

1）光学透视式头盔显示器

光学透视（Optical see-through）式头盔显示器（Head Mounted Display，HMD）可以将虚拟环境和真实环境融合在一起。光学透视式头盔显示器通过在用户眼睛前方放置光学合成器来工作。这个光学合成器是半透明材质的，它一方面像普通眼镜一样可以透过外部的环境光，让用户可以直接看到真实的环境景物，同时它具有一定的反射作用，用户可以从头盔显示器上看到光学合成器反射的虚拟图像。图7-5所示为光学透视式头盔显示器原理。

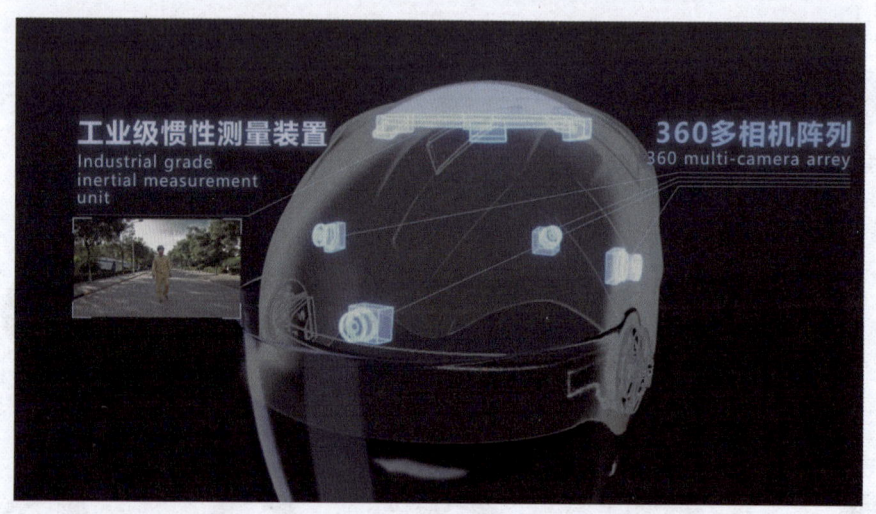

图7-5 光学透视式头盔显示器原理

光学合成器通常会减少由外界射入用户眼睛中的光线。某些更加精密的光学合成器可以选择让某些波长范围的光线进入用户的眼睛。事实上，目前大部分光学透视式头盔显示器都会减少来自真实世界的光线，因此它们在断电的时候就像一副太阳眼镜一样。

目前典型的光学透视式头盔显示器是谷歌公司的Google Glasses、微软公司的HoloLens以及MagicLeap公司的Magic Leap One和Magic Leap Two，如图7-6所示。

Google Glasses是谷歌公司于2012年发布的首款面向消费者的AR眼镜，这款眼镜由一个悬置于眼镜前方的摄像头和一个位于镜框右侧的宽条状计算机处理器组成。它可以在用户眼前展示实时天气、路况等信息，通过语音控制进行拍照等。不过遗憾的是，由于这款AR眼镜成本过高，且缺乏应用场景和内容，并存在许多安全问题，最终在消费端以失败告终。随后谷歌公司将发展方向转为企业级用户，并在2017年和2019年推出面向企业的谷歌AR眼镜。

第七章　认识增强现实/混合现实技术

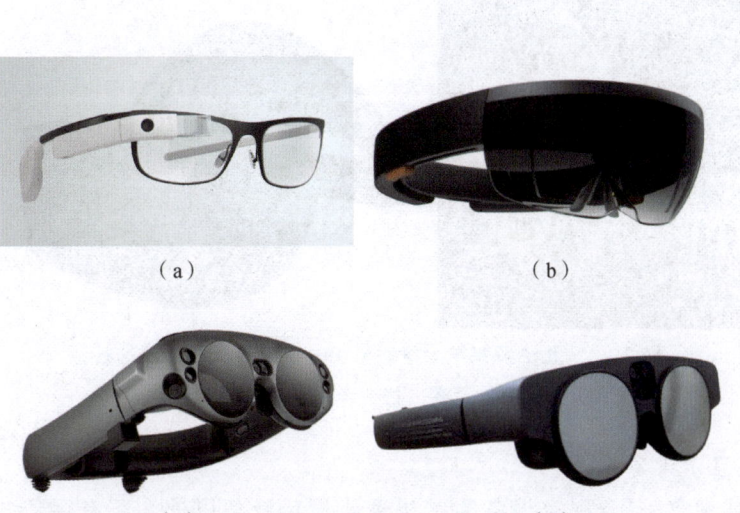

图 7-6　典型的光学透视式头盔显示器
(a) Google Glasses；(b) HoloLens；(c) Magic Leap One；(d) Magic Leap Two

HoloLens 是微软公司于 2015 年发布的增强现实头戴式显示设备，该设备带有一个前置摄像头，内置高端 CPU 和 GPU，能够通过语音或手势进行交互，能够提供出色的人机交互体验。随后微软公司在 2019 年推出第二代 HoloLens，改善了第一代 HoloLens 视场角过小、穿戴不舒服等问题。同 Google Glasses 一样，这款设备同样面向企业定位。

MagicLeap One 是 MagicLeap 公司于 2018 年发布的一款增强现实头戴式显示设备。这款设备利用外部摄像头和计算机视觉处理器实时追踪用户位置，同时在追踪过程中可以不断调整双眼的焦距，并将包含深度信息的图像通过光场显示器显示出来。MagicLeap 公司于 2022 年推出 MagicLeap Two，它比初代轻 20%，视场角更大，画幅更大。

2) 视频透视式头盔显示器

与光学透视式头盔显示器相比，视频透视式（Video see-through）头盔显示器由一个封闭式头盔和一或两个放置在头盔上的摄像机组成，由摄像机为用户提供真实环境的图像。摄像机拍摄的图像视频与场景生成设备产生的虚拟图像结合，合成结果被发送到封闭式头盔中放置在用户眼前的小型显示器。

视频合成可以有多种方式。一个简单的方法是使用色度键控——一种在许多视频特效中使用的技术。计算机图形图像的背景被设置为特定的颜色，如绿色，而虚拟对象都不使用这种颜色，然后将所有绿色区域替换为现实世界视频中的相应部分。这具有将虚拟对象叠加到现实世界的效果。除此之外，还有一个更复杂的方法是使用深度信息。如果系统在真实世界图像的每个像素处都有深度信息，就可以通过逐像素深度比较将真实图像和虚拟图像结合起来。这将允许真实对象覆盖虚拟对象。典型的视频透视式头盔显示器是北卡罗来纳大学教堂山分校计算机科学系的视频透视式头盔显示器和易瞳公司的 VMG-PROV，如图 7-7 所示。

图 7-7　北卡罗来纳大学教堂山分校计算机科学系的视频
透视式头盔显示器（左）与 VMG-PROV（右）

2. 手持式显示设备

常见的增强现实/混合现实设备除了头戴式显示设备以外，还有手持式显示设备（手机、平板等形态），这种设备以屏幕显示器为基础。图 7-8 所示为手持式显示设备的关键要素。在这种结构中，由一或两个摄像机拍摄真实环境。既可以将摄像机固定，也可以使其处于运动状态，比如放置在一个运动的机器人上，但是摄像机的位置必须能够被监测到。真实世界和虚拟图像的合成过程与视频透视式头盔显示器基本一致，合成后的图像显示在用户面前的显示器中。

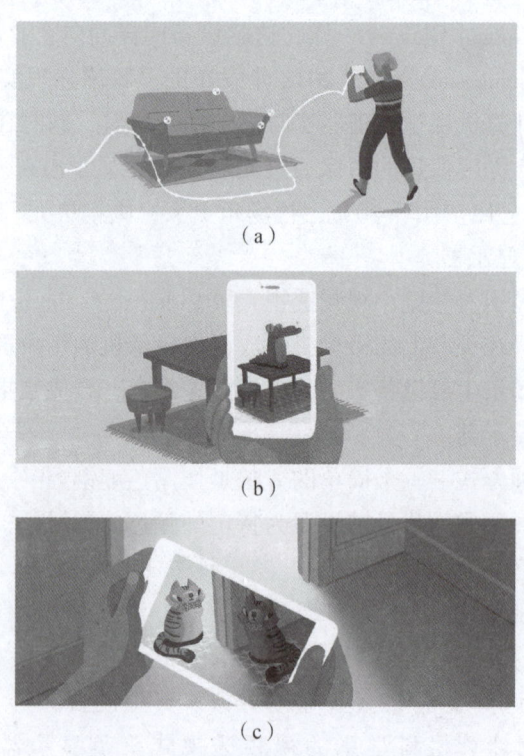

图 7-8　手持式显示设备的关键要素
(a) 运动跟踪；(b) 环境；(c) 光线

手持式显示设备的最大特点是易于携带，常用于广告、教育和培训等。目前智能手机、平板电脑等移动设备为增强现实/混合现实的发展提供了良好的平台。这些终端内置高清摄像头、GPS、陀螺仪等传感器，同时具有清晰度较高的显示屏，因此普及度很高，但沉浸感有待提高。部分高端设备还安装有带深度相机、超宽带定位等更精确的传感器。图7-9所示是智能手机中的一款增强现实游戏，该游戏通过摄像头识别对应图像，用户能在画面中看到图像上站立着两个机器人。

图7-9　智能手机中的增强现实游戏

3. 投影式显示设备

投影式显示设备将由计算机生成的虚拟信息通过投影仪直接投影到真实场景中并进行交互，用户无须佩戴或手持任何设备，因此高亮度、高清晰度的投影仪为其主要的硬件设备。为了获得准确的投影位姿，投影式显示设备配合摄像头进行位姿调整。典型的投影式显示设备有网易的影见增强现实投影仪，如图7-10所示。该设备将虚拟信息投射到真实空间后，用户可通过平面点击、空中手势、物体交互等进行互动。

图7-10　网易的影见 AR投影仪

7.2.2　增强现实/混合现实关键技术

增强现实/混合现实技术是在计算机图形学、计算机图像处理、机器学习的基础上发展起来的。为了使用户能够真实地与虚拟物体交互，增强现实/混合现实系统必须提供高帧率、高分辨率的虚拟场景，跟踪定位设备和交互感应设备。因此，三维注册技术、系统显示技术和人机交互技术是增强现实/混合现实技术的基础，也是其关键技术。

1. 三维注册技术

目前限制增强现实/混合现实应用的最基本问题之一是三维注册（或称跟踪注册）问题。现实世界和虚拟世界中的物体必须彼此适当地对齐，否则两个世界共存的幻觉就会被破坏。例如在增强现实手术中，如果虚拟物体不在真正的肿瘤所在的位置，那么外科医生在手术时会错过肿瘤，活组织检查就会失败。再例如在增强现实辅助导航系统中，需要将虚拟导航箭头准确地放置在路面上，以正确地引导路人。如图7-11所示，当手机摄像头获取一帧新图像时，增强现实/混合现实系统首先在事先设定的世界坐标系中确定图像中的地面位置，然后将虚拟箭头放置在地面上，再通过与摄像头相关的几何变换将虚拟箭头渲染显示在图像中相应的位置。

在三维注册过程中，由于需要获取真实场景的实时数据，包括观察者位置、头部位置、运动状态等，从而通过这些数据来确定虚拟物体的位置，所以三维注册的实时性、精确性和鲁棒性是衡量增强现实/混合现实系统性能的关键指标。实时性要求三维注册算法有足够快的响应速度，以免造成叠加延迟、掉帧；精确性要求三维注册算法对用户头部进行精确的跟踪，并感知环境中其他物体的位置，以实现对真实环境中虚拟物体的准确跟踪和定位；鲁棒性要求三维注册算法足够健壮，可以应对光照变化、局部遮挡等非正常状况。

目前增强现实/混合现实系统采用的三维注册技术分为三类——基于硬件传感器的跟踪注册技术、基于计算机视觉的跟踪注册技术和基于传感器-视觉混合的跟踪注册技术，如图7-12所示。

图7-11 增强现实导航

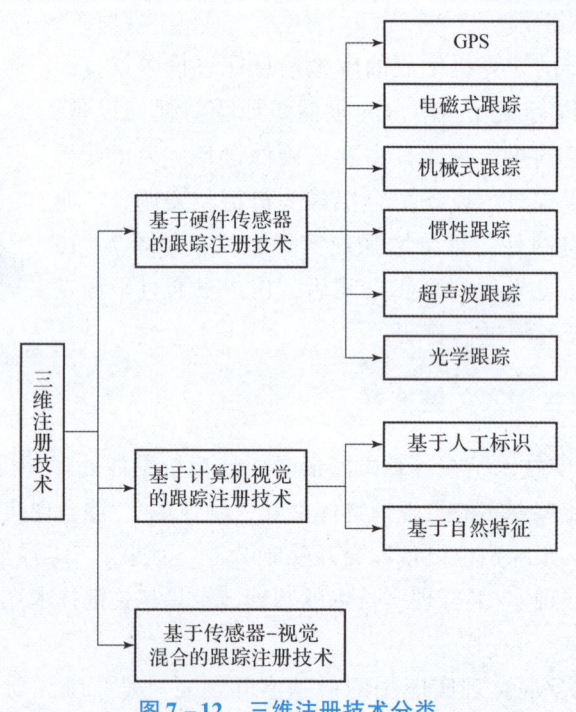

图7-12 三维注册技术分类

1）基于硬件传感器的跟踪注册技术

基于硬件传感器的跟踪注册技术通过传感器的信号发送器和感知器来获取相关位置数据，进而计算摄像机相对于真实世界的位置和姿态。美国佛罗里达大学的罗兰（Rolland）等总结了几种基于硬件传感器的跟踪注册技术，包括机械式跟踪、电磁式跟踪、超声波跟踪、惯性跟踪以及光学跟踪等。这种方法计算量最小，实现最容易，但此方法构成的跟踪注册系统大多是开环系统,跟踪精度取决于硬件设备自身的性能,受环境影响较大,其算法的扩展性差一些,且成本相对较高,主要适用于大尺寸、敞开环境下的三维注册系统。

2）基于计算机视觉的跟踪注册技术

随着计算机视觉技术的不断发展,基于计算机视觉的跟踪注册技术已经成为增强现实/混合现实三维注册的主流技术,它通过计算机识别与检测出摄像机拍摄的真实场景图像的特征点,并根据特征点确定要添加的虚拟信息以及虚拟信息与真实场景之间的位置关系。相比于硬件传感器,这种方法提供了一种精确、低成本的解决方法,目前国际上普遍采用此三维注册技术。根据实现方式,该技术又可分为基于人工标识的方法和基于自然特征的方法。

基于人工标识的三维注册技术是增强现实/混合现实系统中比较成熟的三维注册技术,该技术将一些人工标识放置到真实环境中,通过摄像机采集图像,系统识别检测出标识,然后将虚拟信息叠加在标识所在的空间。常见的人工标识有二维码、二维图片、三维物体等。图7-13所示为常见的人工标识示例。

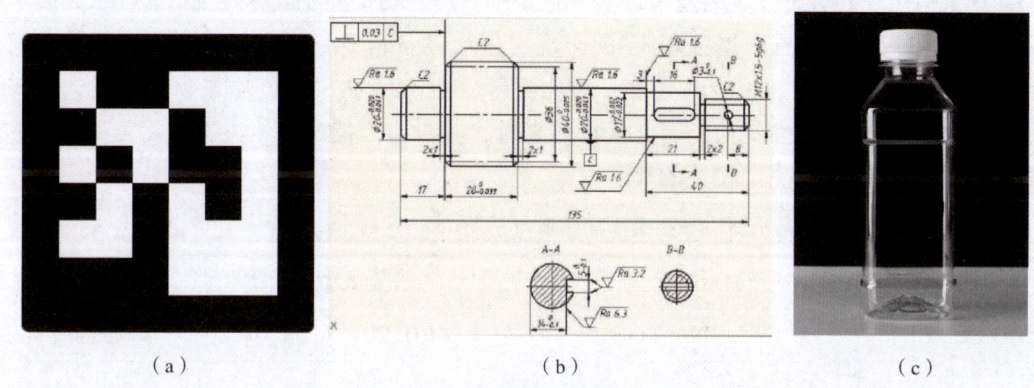

(a)　　　　　　　　　　　　(b)　　　　　　　　　　　　(c)

图7-13　常见人工标识示例

(a) 二维码标识；(b) 图片标识；(c) 三维物体标识

基于人工标识的方法要求在场景中放置标识且不允许有遮挡,否则将导致三维注册失败,这在古文物和大型建筑环境中很难应用,而基于自然特征的方法则避免了这种局限性,为用户带来了更好的沉浸感。

基于自然特征的方法又称为无标识三维注册技术,它不需要人为放置标识,而是对场景中目标物的点、线和纹理等外形或几何特征进行提取,利用相关算法进行特征匹配以确定虚拟信息及虚拟信息与目标物的相对位置,实现跟踪注册。

此方法具有较高的精度,是增强现实/混合现实领域今后的主要研究方向,但此方法计算量大、算法复杂程度高,如何保证算法的鲁棒性是研究重点。

3）基于传感器-视觉混合的跟踪注册技术

在一些场景中,单独使用基于硬件传感器或基于计算机视觉的方法不能获得理想效果,为了弥补不同三维注册技术的缺点,将两者结合起来,取长补短,以满足增强现实/混合现实高精度跟踪定位的要求。目前基于传感器-视觉混合的跟踪注册方法有惯性-超声波混合、视觉-GPS混合、视觉-惯性混合等。

2. 系统显示技术

系统显示技术是增强现实/混合现实中比较重要的内容，为了能够得到较为真实的虚实融合效果，使用色彩较为丰富的显示器是其重要基础。显示器包含头戴式显示设备和非头戴式显示设备等相关内容，这在上一小节已经做了介绍，这里不再赘述。

系统显示技术研究的问题有两个方面，一是如何完成真实场景和虚拟对象信息的融合叠加；二是如何解决融合过程中虚拟对象信息延迟的问题。

对于光学透视式头盔显示器，用户可以实时地看到周围真实环境中的情景，而对真实场景进行增强的虚拟信息要经过一系列的系统延时后才能显示在头盔显示器中。当用户的头部或周围的景象、物体发生变化时，系统延时会使虚拟信息在真实环境中发生"漂移"现象。

采用视频透视式头盔显示器可以在一定程度上解决这样的问题。开发人员可以通过程序控制视频和虚拟对象信息的显示频率，从而达到实时性的要求并且缓解甚至杜绝"漂移"现象。

此外，目前三种主流的增强现实/混合现实显示技术分别是被动式微显示技术（如LCD、DLP等）、主动式微显示技术（如Micro LED）和扫描显示技术（如LBS）。如表7-1所示，三者各有优、缺点。增强现实/混合现实显示设备本身是一个显示器件，有针对显示器件一般的技术要求，如色域、亮度、对比度等，也有诸如尺寸、质量、美观性、眼动范围、视野角等场景特殊性要求，因此从目前来看，并没有万能的显示方案，需要基于需求设置不同的优先级，进而决定相关的显示方案。

表7-1 三种主流的增强现实/混合现实显示技术对比

技术	被动式微显示技术			主动式微显示技术		扫描显示技术
系统	LCD	DLP、LCoS		μOLED	μLED	Scanning Mirror
描述	白光LED用于显示部分的背光源	微显示器使用RGB LED作为光源	微显示器使用RGB激光作为光源	直接μOLED显示	直接μLED显示	使用RGB激光器作为光源的调制扫描技术
优点	• 成本低 • 系统简单 • 技术成熟	• 技术成熟 • 亮度高 • 色域高	• 体积较小（和LED系统相比） • 亮度高 • 色域高	• 简单系统 • 解析度易扩展	• 简单系统 • 效率高 • 亮度高 • 色域高，对比度高 • 解析度易扩展	• 体积小（使用RGB激光模组） • 效率高 • 色域高，对比度高 • 可扩展
缺点	• 解析度低 • 亮度低 • 色域低	• 体积大 • 光展量有限	• 体积大 • 干涉导致图像质量差	• 亮度低 • 可靠性低	• 尚不可用 • RGB集成难度极大	• 系统复杂（光学&电子） • 图像质量待提升（干涉效应） • 涉及人眼安全规范

3. 人机交互技术

增强现实/混合现实的研究最初主要集中在三维注册和系统显示方面，强调虚拟物体与真实场景的融合和显示。随着技术的发展，用户对增强现实/混合现实系统中的交互需求变得更加强烈。对于传统手机、计算机等智能设备，人们通过键盘、鼠标、手指触控等方式来进行信息输入。但增强现实/混合现实设备则不同，它几乎没有物理操作按钮。为了向用户提供更自然、更和谐的人机交互环境，近年来出现了一些更自然的交互方式，如手势识别、语音识别、体感识别、眼动交互、表情识别和脑机接口等。

1) 手势识别

在各种自然交互中，基于手势识别的交互是目前人机交互领域关注的热点。一方面，手势识别技术比较成熟，不但降低了人机交互成本，而且符合人类的自然习惯；另一方面，手势识别具有很强的可定制性。

手势识别将手势作为信息交流和控制增强现实/混合现实系统的手段，通过判断手的动作（或姿态）所代表的语义信息（图 7 – 14 ~ 图 7 – 16）实现用户需求。常见的操作有选择、高亮、缩放、旋转、拖动等。如微软公司的 HoloLens 采用深度摄像头获取用户的手势信息，当用户在凝视点单手在空中点击时，表示选择目标。Meta 公司的 Meta2、MagicLeap 公司的 MagicLeap One、Leap 公司的 Leap Motion 等同样允许用户使用手势进行交互。然而，遗憾的是，这种自然交互实际上并不自然，每个制造厂商都有自己的手势词汇，目前未形成统一标准，用户必须学习不同增强现实/混合现实设备能识别的手势，对用户而言，这需要学习成本。此外，还存在技术上的挑战，如对手部快速移动以及平移速度达到 8 m/s、角速度达到 300°/s 的高速运动的感测，以及手指之间频繁遮挡的识别管理问题，这些都是影响手势识别体验的因素。

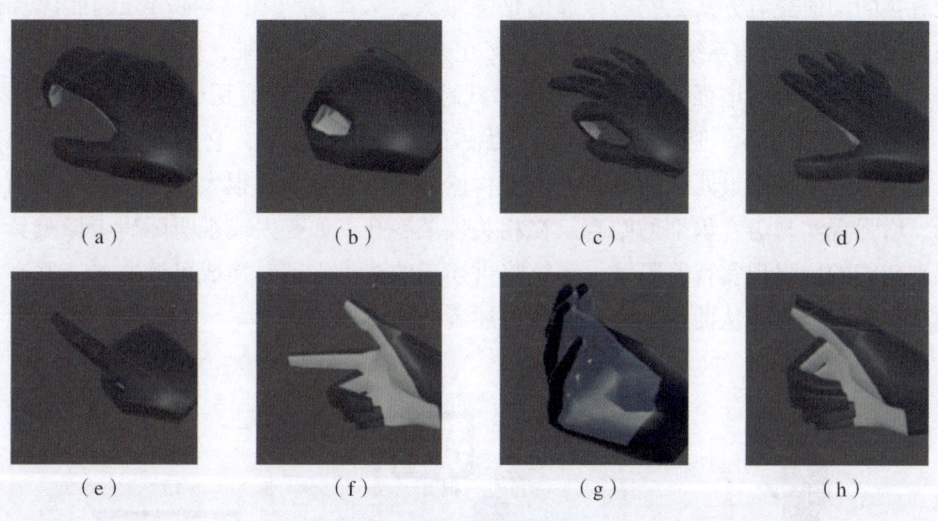

图 7 – 14　手势识别指令集

(a) 抓取；(b) 抓握；(c) 捏取；(d) 释放；(e) 按压；(f) 前进；(g) 后退；(h) 界面

2) 语音识别

手势识别固然解放了双手，但仍存在缺陷，例如频繁地抬手会造成手臂酸软。语音作为

图 7 – 15　对于 HoloLens 单手空中点击表示选择该目标

图 7 – 16　HoloLens 手势交互效果展示

人类最直接的沟通交流方式，它所传递的信息量大，效率高（图 7 – 17），因此语音识别也成了增强现实/混合现实系统中重要的人机交互方式之一。近年来，随着人工智能技术的发展及计算机处理能力的增强，语音识别技术日趋成熟并被广泛应用于智能终端。苹果 Siri、微软 Cortana、谷歌 Now、亚马逊 Echo 都是优秀的语音识别助手，它们通过语音识别获取指令，根据用户需求返回最匹配的结果，实现自然的人机交互，在很大程度上提升了用户的工作效率。增强现实与语音识别的结合已在相关领域展开，如聋人或视听障碍者佩戴具有自动语音识别功能的增强现实智能眼镜，系统将讲述者的演讲立即转换成可读文本，并直接显示在增强现实显示器上，从而帮助用户阅读讲述者的演讲。

图 7 – 17　语音识别示意

3）体感识别

体感识别技术通过设备检测到人体信息（颜色、距离、深度和人体骨骼等），用户可以很直接地使用肢体动作与周边的装置或环境互动，无须使用任何复杂的控制设备便可身历其境地进行互动。

在 2007—2009 年，随着任天堂 Wii、索尼 PS Move 和微软 Kinect 等体感设备的推出，肢体交互在投影式增强现实中获得广泛应用。如图 7-18 所示，在 2 m×2 m 的空间内，Kinect 会用红外线探测用户的位置，用测距得来的深度信息精准地还原用户的动作，甚至小到一个手势也能识别。肢体交互不仅解放了双手，而且促进了全身的均衡运动，可以理解为一种非常健康时尚的交互方式。

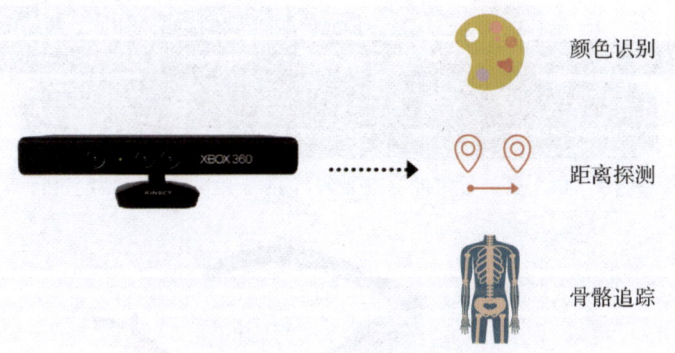

图 7-18　Kinect 功能示意

不过由于种种原因，各厂商的体感设备销量逐渐下降，在 2017 年，随着 Kinect 的停产，体感时代逐渐没落。尽管 Kinect 失败了，但体感识别技术并没有凋零，Kinect 所用的技术被继承到 HoloLens 设备。HoloLens 通过感知深度数据来确定空间定位，同时允许通过手势识别进行交互。

4）眼动交互

基于眼动追踪的眼动交互技术通过捕获人眼在注视不同方向时眼部周围的细微变化，分析并确定人眼的注视点，并将其转化为电信号发送给计算机，实现人与计算机之间的互动，这一过程中无须手动输入信息。在增强现实/混合现实眼动交互系统中，要实现用户双眼对显示信息的控制，就必须解决人眼注视点位置估计问题，以达到根据人眼注视点位置、人眼注视点位置变化及人眼注视时间等信息进行交互操作的目的。这种方式仅适用于非常特殊的情况，长时间的眼动交互会使用户疲惫。

眼动交互设备的主流形态有两种。一种是桌面式，它将整个眼动追踪模块封装为一个整体，置于人眼前方 50～300 cm 处，这种形态多用于适配笔记本电脑、电视等，如图 7-19 所示。该形态设备追踪精度高，但质量和体积较大，可移动性差。另一种是眼镜式，如图 7-20 所示，它将设备置于人眼前方 5～6 mm 处。该形态设备的质量和体积较小，可移动性强，但追踪精度较低，且需要通过线材供电。MagicLeap 公司的 MagicLeap One 在眼镜内部专门配备了追踪用户眼球动作的传感器，以实现通过跟踪眼球动作控制计算机的目的。

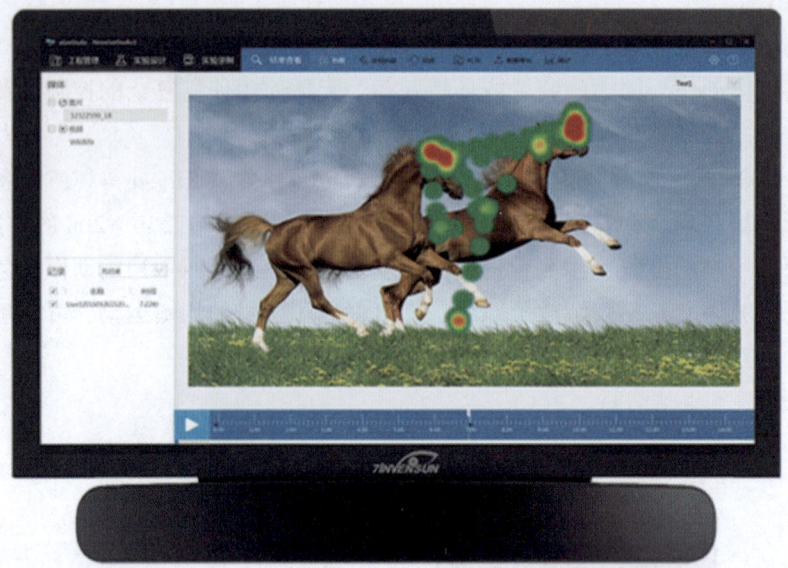

图 7-19　桌面式眼动交互设备（aSee Pro 桌面式眼动仪）

图 7-20　眼镜式眼动交互设备（Nreal Light 眼球追踪版 MR 眼镜）

5）表情识别

面部表情是人表达情绪状态的一个重要的途径，通过处理和分析用户的表情可以获得用户大部分的情绪状态。在增强现实/混合现实系统中，通过表情识别，可以获得用户在使用系统过程中的真实心理和情感，更准确地了解用户在使用系统的哪些阶段体验最佳、哪些阶段体验最差，这有助于系统优化，为用户提供更好的体验。

常见的表情识别有两种类型，一种是基于静态图像特征，另外一种是基于动态连续图像特征。通过静态图像特征，能够提取、分类和辨识面部表情特征信息。动态连续图像特征包含表情连续变化的动态特征。表情识别的基本流程如下：获取面部表情，然后对图像进行预处理，然后提取图像对应的面部表情特征，最后选择对应适合的分类网络对图像进行分类。如图 7-21 所示。

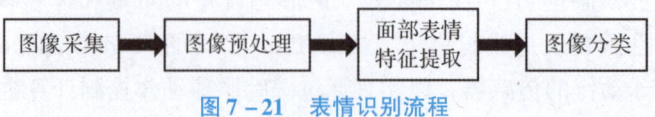

图 7-21　表情识别流程

6）脑机接口

最新的人机交互方式莫过于脑机接口。它通过读取人类大脑的活动来产生控制信号，对外界的设备进行控制。不过目前脑机接口还只能实现比较初级的控制，完全解读人脑意念信息还是任重而道远。

2021年，Cognixion公司推出基于脑机接口的增强现实头戴式显示设备——Cognixion ONE，如图7-22所示。Conixion ONE通过增强现实界面引导用户完成整个通信过程。首先，通过6个非侵入式电极确定大脑内部产生信号的具体位置，并将其转化为电信号；然后，通过上下文感知键盘、径向语句生成器工具、集成AI助手和数据流等功能引导用户完成通信。

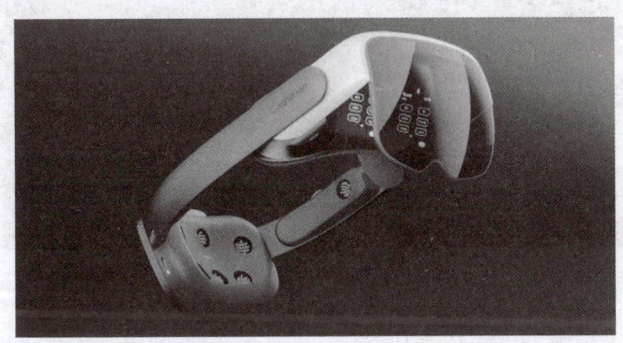

图7-22 增强现实头戴式显示设备——Cognixion ONE

7.2.3 增强现实/混合现实技术的应用

自20世纪90年代开始，随着硬件设备和软件技术的飞速发展，增强现实/混合现实技术的应用研究取得显著进展。增强现实/混合现实技术能够将真实环境中不存在的虚拟信息提供给观察者，增强观察者对真实世界的感知和交互，这一特性使增强现实/混合现实技术在很多领域有着巨大的应用前景。

1. 工业领域

工业领域是增强现实/混合现实技术被应用的第一个行业领域。通过头戴式显示器连接到需要施工的特定物体上，进而在显示器上描述物体的图像。其主要用于远程指导、实时诊断、员工培训和故障诊断等，以提高生产率、准确性和维护员工安全。如图7-23所示，由哥伦比亚大学计算机图形学与用户交互实验室开发的增强现实维护保养系统（Augmented Reality for Maintenance and Repair，ARMAP）是增强现实在工业领域的著名应用实例，该系统用于指导维修人员修理和装配机械设备，目前该系统已经在美国海军陆战队测试使用。

2. 教育领域

Edgar Dale的"经验之塔"理论认为通过体验习得的知识远超过单纯学习获得的知识。增强现实/混合现实与学科知识的深度融合可以改变传统教学形式，相比于传统课堂上"纸上谈兵"的教学形式，增强现实/混合现实能使课堂教学更具有沉浸感和临场感，学生看到的不再是乏味的文字或图片展示，而是一种逼真的视、听、力、触等感觉的虚拟环境，更加立体、直观。例如，通过增强现实/混合现实技术，学生可以在生物课上看到虚拟的植物组织

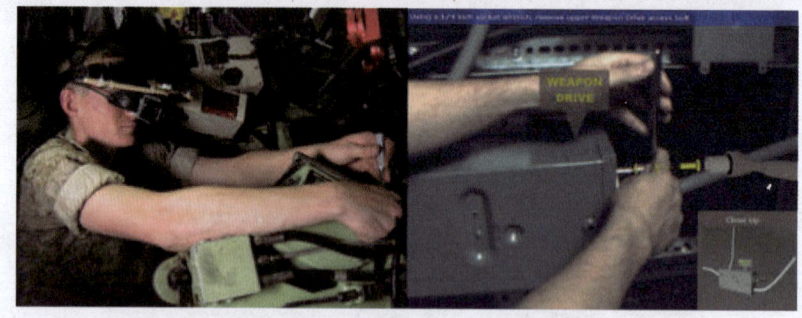

图 7-23 增强现实维修保养系统

结构，并能对其进行虚拟解剖；可以在化学课上进行虚拟葡萄果酒发酵实验，增强对葡萄果酒发酵的了解；可以在汽车发动机原理课上观察虚拟发动机的结构和运动规律（图 7-24）。这一方面加强了学生对知识的理解，另一方面降低了实训风险。

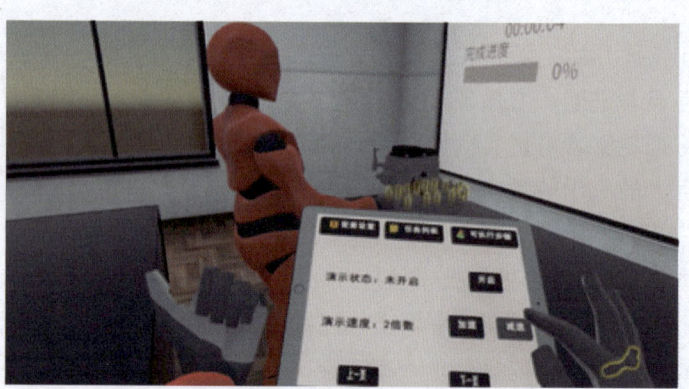

图 7-24 增强现实/混合现实技术用汽车发动机原理教学

目前，国内不少教学研究者与实践者尝试在 K-12 阶段打造"混合现实智慧课堂"，随着微软公司推出混合现实技术后，LETINVR（兰亭数字）作为微软 MRPP（微软混合现实全球合作伙伴计划）之一，相继推出了混合现实智慧教室并在国内外多所学校进行了试点教学，人们认为混合现实教学具有智慧教学、同步课堂、教学资源共享、区域教育均衡四大优势。2019 年，青岛、成都、上海以及北京的四所中学异地同步开展全国首场 5G+MR 全息物理公开课，学生在教室中通过混合现实眼镜观看虚拟的天蓝色地球与围绕在其周围的北极光，教师在此情境中讲解电磁场相关理论，混合现实将抽象知识具象化，基于自身认知促进学生知识建构，其场景如图 7-25 所示。

144

第七章 认识增强现实/混合现实技术

图7-25 混合现实技术在教育领域的应用

实践证明，增强现实/混合现实应用于学科教学和高等教育实训课程能够带给学生在传统课堂中无法感受的体验，虽然现阶段增强现实/混合现实应用于教学仍存在一些问题，如设备价格贵、教学模型资源有限、可能增加学生认知负荷等，但随着技术的不断发展，增强现实/混合现实未来将会更加广泛地应用于K-12和高等实训教育。

3. 医疗领域

在医疗领域，医生可以在手术和模拟训练中借助虚拟的人体模型进行辅助操作。例如，根据人体的实时三维数据信息（通过磁共振成像或者CT扫描获得）建立虚拟的内脏模型并利用增强现实/混合现实技术将模型叠加到真实患者身体上。

如图7-26所示，混合现实系统采用激光测距仪获得真实场景的深度值，以此获得正确的遮挡关系。通过增强现实/混合现实手段，医生不需要开大创口即可观察患者身体内部病区情况，可以实现手术的低创伤性。同时，增强现实/混合现实可以辅助医生进行手术，例如可以辅助医生精确定位开刀口、钻孔或使用探针。增强现实/混合现实还可以辅助实习医生进行技能训练，虚拟的器官模型可以辅助医生更直观地对器官进行辨识，虚拟的指导信息可以在实习医生操作的同时提供操作指示，避免实习医生频繁翻看操作手册。

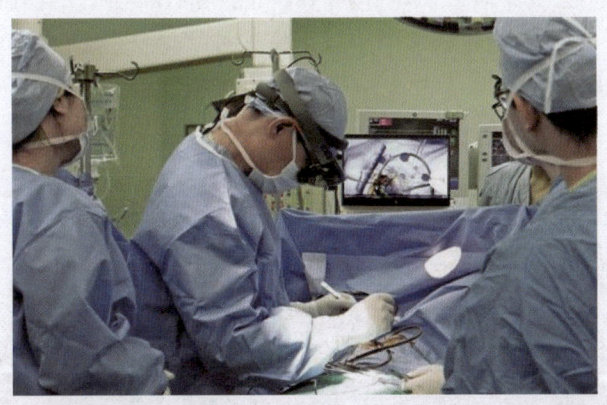

图7-26 2018年全球首例混合现实辅助实施心脏病手术（广东省人民医院）

4. 文旅与娱乐领域

经过了数十年的发展，增强现实/混合现实仿佛在一夜间风靡全球。增强现实/混合现实可以为用户提供身临其境的体验，提供更多信息和指示。增强现实/混合现实在文旅与娱乐

145

领域的主要应用场景包括模型注解、互动游戏和实景导航等。

在文旅方面，可以通过 3D 场景识别等技术还原某些场景，让游客能够享受沉浸式的体验。例如，上海博物馆提供了混合现实智慧导览服务，虚拟吉祥物能够带领游客进行私人定制游览；云南博物馆开发了增强现实寻宝游戏；北京香山革命纪念地（旧址）上线 5G + 增强现实游览体验场景（图 7 – 27），游客在安装好应用程序后能够触发导航，听红色故事，与虚拟景观拍照合影；甘肃省博物馆将增强现实互动技术引入展览，观众用手机摄像头识别文物时，文物可以进一步呈现"活态"，如仰韶文化彩陶盆上的鱼纹可以"游动"，带给人们更好的观展体验。

图 7 – 27　北京香山革命纪念地（旧址）上线 5G + 增强现实游览体验场景

此外，增强现实技术在旅游业还有一个有趣的用途。荷兰皇家航空和英国廉价航空 easyJet 都通过增强现实技术让旅客检测行李箱是否可以登机。easyJet 的增强现实功能基于苹果 ARKit 2，通过预设一个符合等级规格的立方体网格进行对比，通过增强现实技术让行李箱与网格重合，便可以确认行李箱是否可以登机。

在娱乐方面，精灵宝可梦 GO（Pokemon Go）的热潮让这一日本流行的交换类儿童卡牌游戏走上街头（图 7 – 28），随后数十个游戏都将这种"魔法"技术与现实世界结合。索尼公司的游戏《审判之眼》在游戏卡片上渲染叠加出虚拟的怪兽角色模型，达到角色真实存在于环境中的效果。

图 7 – 28　精灵宝可梦 Go 增强现实游戏

7.3 增强现实/混合现实技术展望

7.3.1 增强现实/混合现实技术发展瓶颈

增强现实/混合现实技术经过 60 多年的发展，已经逐步从科研实验室走向人们生产生活的第一线，但增强现实/混合现实技术与产业的发展轨道尚未完全定型，在硬件、软件和应用层面上依然存在瓶颈。

1. 硬件层面

在硬件层面，得从增强现实/混合现实底层技术 SLAM 说起。SLAM 目前存在的困难是计算量大，依赖设备精度，分为单目、双目、TOF、LiDAR、IMU 多种传感器，其瓶颈概况如下。

（1）计算量问题。巨大的实时计算量要求强大的计算芯片支持，强大的计算芯片是增强现实/混合现实应用实时运行的关键，只有达到一定程度的计算能力，增强现实/混合现实应用才有可能在移动端实时运行。但是，通用芯片不能只用来计算 SLAM，它还有很多工作要处理，目前只有中高端芯片才具备这个能力。

（2）发热与电池。高强度的计算必然导致高耗能和高发热，这对被动散热的移动设备，特别是头戴式设备的散热、电池续航要求很高。目前电池容量的进步远远落后于计算能力的进步，已经成为一个瓶颈。

（3）设备小型化。移动式增强现实/混合现实对设备小型化要求很高，过大、过重的设备必然导致普及使用问题，无法大规模应用。

（4）新型显示技术（这里只指增强现实/混合现实眼镜）。近眼显示对显示技术要求非常苛刻，不管是光波导还是光场技术都还处于理论到实践的探索原型阶段，视场角、清晰度、体验性离预期还有很大距离，这里既有设备批量生产的困难，也有理论上的困难，还有元器件产业链的困难。

（5）新型硬件需求。增强现实/混合现实对新型硬件需求迫切，"老瓶装新酒"的方式只能作为临时过渡，SLAM、手势识别、环境感知、对象识别都急待新型硬件的出现。

2. 软件和应用层面

（1）内容生成困难。增强现实/混合现实硬件五花八门，不像当前 PC 操作系统（Windows、MacOS、Linux 等）、移动设备操作系统（Android、iOS）等只有少数几个平台。在传统平台上，开发人员开发的内容只需要适配 1~2 个平台即可。目前，增强现实/混合现实应用开发内容只能针对某个硬件平台，而目前并没有绝对占据市场统治地位的硬件平台，这意味着开发人员开发的内容需要适配多个硬件平台，针对某个硬件平台的内容很难迁移到其他硬件平台，因此内容开发成本极高。

（2）生态未建立。增强现实/混合现实是全新的应用形态，其应用开发与传统应用开发完全不一样。增强现实/混合现实应用开发资料缺乏，从业人员少，分发渠道仍未建立。增强现实/混合现实应用生态与传统应用生态相比差距非常大。

（3）软件变现能力不足。增强现实/混合现实市场目前仍是小众市场，其应用很难变现，这会极大地制约开发人员的投入，从而导致应用数量不多，形成恶性循环。

（4）用户教育需要时间。增强现实/混合现实应用操作与传统应用操作完全不同，用户操作习惯的建立（用户教育）需要时间，市场教育也需要时间。

7.3.2 增强现实/混合现实技术未来发展趋势

1. 技术发展趋势

（1）Micro LED 为未来趋势，光波导方案的微显示屏幕选择局限性小。

目前多种增强现实/混合现实头戴式显示设备的光学显示方案共存，不同光学显示方案对高亮度需求的程度不同，适配的光学方案和微显示屏幕方案相结合可发挥"1+1>2"的效果。相对应的，某些光学显示方案在微显示屏幕的选择方面有一定局限性。目前终端设备搭载较多的是 LCoS、DLP 和 Micro OLED 三种屏幕，其中前两种屏幕均已实现规模化量产。Micro LED 尚未实现量产，主要难点在于巨量转移技术和高制造成本，然而因 Micro LED 在功耗、亮度、对比度等方面拥有绝对参数优势，所以 Micro LED 为业内公认的下一代增强现实/混合现实显示设备趋势。

（2）增强现实/混合现实有望成为下一代计算平台，完成全环境内事物的数字化。

从计算平台的演化看，平均每 12～13 年将产生新的计算平台，移动互联网时代已延续15 余年，如今人们已不再满足于现有的计算输入/输出方式与交互模式，而在数字化的范围、程度和交互方式等方面寻求革新。根据增强现实/混合现实的特性及未来远期发展空间，其可实现全环境内事物信息的实时采集反馈，且交互方式将更加直接自然，增强现实/混合现实设备有望成为下一代计算平台。然而，目前先决条件尚未满足，仍需网络、云计算、人工智能等多方面技术的高度配合，增强现实/混合现实终端设备及软件应用尚未实现规模化量产。短期内增强现实/混合现实设备可作为效率工具使用，填补产业空白。

（3）交互方案与场景需求强关联，未来向多模态、精细化方向发展。

单一交互方式难以满足增强现实/混合现实不同应用场景的综合需求，未来交互技术将向多模态、精细化方向发展。目前增强现实/混合现实交互技术尚未定性，目前分体式增强现实/混合现实整机多采用手机或手柄/手环等保留机械感的方式，并配合语音交互使用，以最为成熟且学习成本较低的方案先行落地。以触控、手柄、手环等围绕"手"的交互方式多为主动交互，需要用户主动发出命令，精准度较高且普适性高，部分技术较为成熟已优先落地；而以眼动追踪、面部识别等为代表的，无须用户额外操作的交互方式更加自然、学习成本更低，但目前技术仍不成熟，仅作为辅助交互方式。艾瑞认为，交互技术没有孰优孰劣之分，交互方式的选用和场景需求特征强关联，在细分场景下不适宜的交互技术叠加只会在增加成本的同时却缺乏优化体验。例如，办公场景仍需保留机械式输入方式以提高生产效率；社交场景则更注重全面交互性，需要多模态交互技术融合支撑等；游戏等复杂操作场景对延时、精准度等要求较高，故以手柄为主。

2. 行业应用发展趋势

（1）多环节全新领域技术研发待攻克，应用侧仍处于试探性阶段。

如图 7-29 与图 7-30 所示，增强现实/混合现实产业链较长，核心技术部分涉及全新领域，如硬件部分的光学模组、显示器件等技术，其原理与虚拟现实不相类似，需从零突破。在软件开发方面，为了更好地突出增强现实/混合现实区别于其他智能硬件的优势，操作系统、软件开发工具等需适配其交互属性及虚实叠加功能进行重新开发，然而目前专注于增强现实/混合现实类别的厂商较少。就应用生态而言，增强现实/混合现实在消费市场的应用内容较为单一，企业级/公共服务类应用仍在试探尝新阶段，整体处于试探性阶段，需求端难以反哺上游形成良好的供需发展闭环。

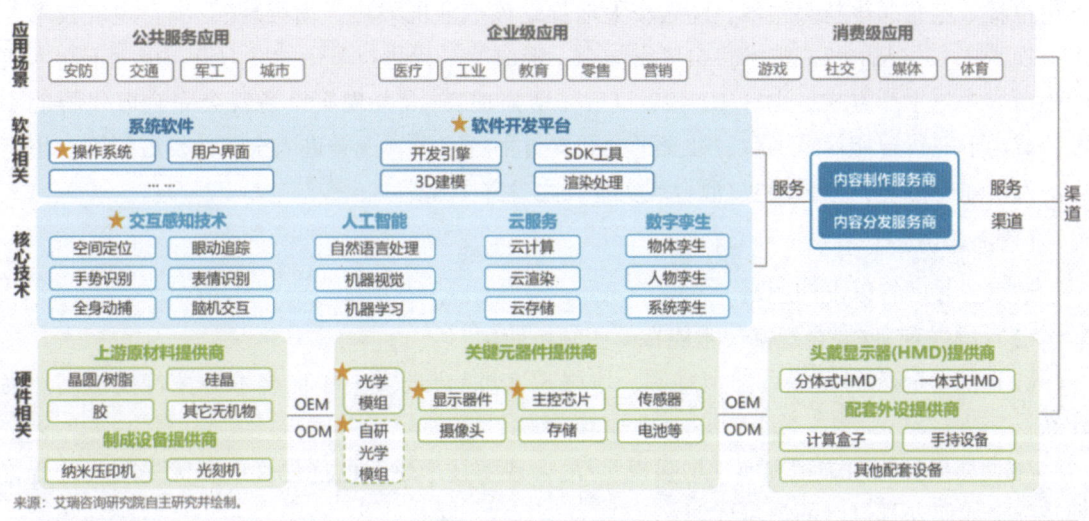

图7-29　中国增强现实/混合现实产业链图谱

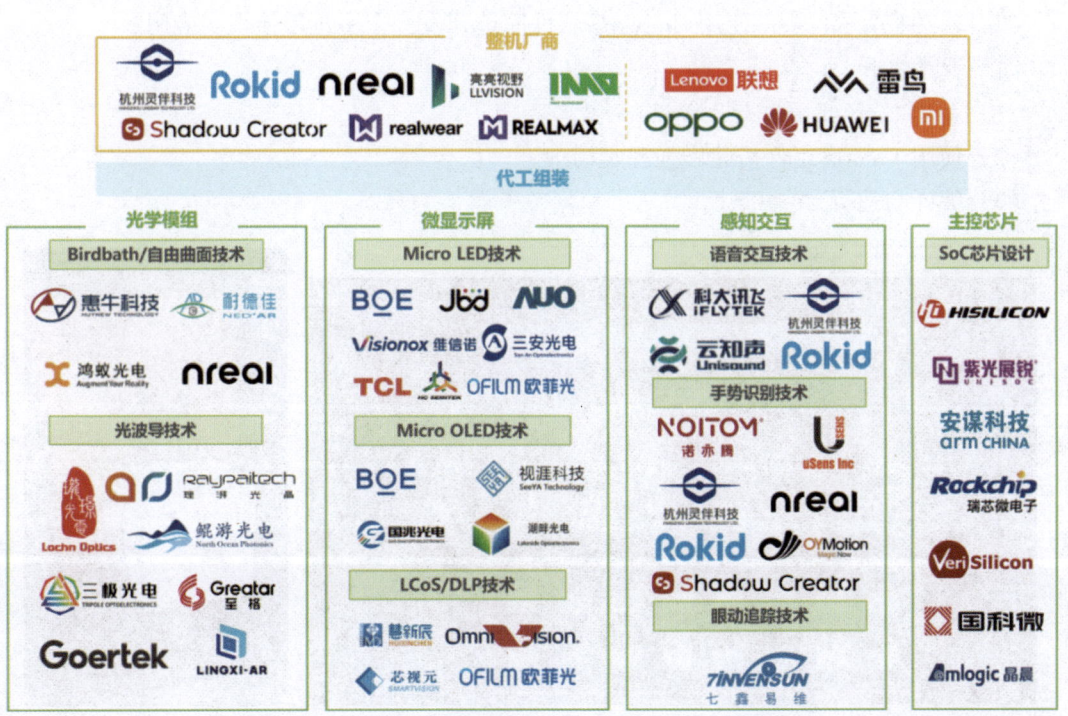

图7-30　中国增强现实/混合现实产业链相关单位与企业

（2）增强现实/混合现实用户规模将持续增加。

随着增强现实/混合现实技术趋于成熟，其产业应用速度也将加快，增强现实/混合现实行业将迎来爆发，其用户规模将持续增加。根据德勤数据显示，到 2025 年，全球近 75% 的人口和几乎所有使用社交/通信应用程序的人都将成为增强现实/混合现实的频繁用户，用户每天将拍摄超过 45 亿个/张增强现实/混合现实视频/照片。

可以预期，在 5~10 年的时间里，增强现实/混合现实技术将取得重大进步。各大科技巨头也将重点布局该新兴领域，随之极大地推动该产业的发展。增强现实/混合现实技术与虚拟现实技术、人工智能技术将会紧密结合，形成下一代科技革命的发力点，极大革新人类的生活方式与生产方式。也许 10~20 年后，增强现实/混合现实设备就会完全取代智能手机，成为下一代智能计算平台、社交平台和支付平台，带领人类进入全新的发展阶段。生产力的发展如此迅速，增强现实/混合现实普及之日并不遥远。

【思考与巩固】

请思考并回答以下问题。

（1）增强现实/混合现实技术能在哪些领域使用？

（2）随着时代的发展，虚拟现实、增强现实/混合现实中哪项技术的性价比最高？为什么？

（3）如果让你对虚拟现实、增强现实/混合现实技术学习的优先度或者优先顺序进行排列，你会如何安排自己的学习计划？

【实践与展示】

如图 7-31 所示，尝试使用 Unity 3D 软件简单开发一个手机增强现实应用。

简略步骤如下。

（1）新建 Unity 工程并导入 Vuforia 包。

（2）使用 Vuforia 组件搭建增强现实场景。

（3）编译与运行。

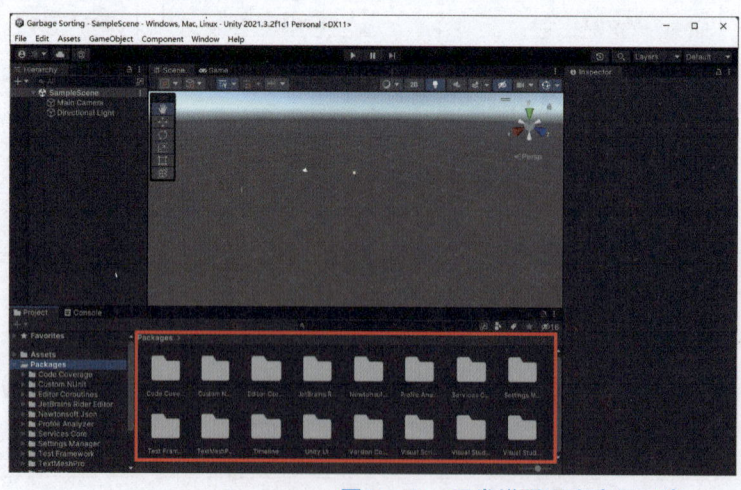

图 7-31　开发增强现实应用示意

第八章

虚拟现实前沿技术概述与认知

随着元宇宙、数字孪生、虚拟数字人的火爆，虚拟现实技术正不断渗透到社会的方方面面，一个更加智能互联、虚实融合的时空已经全面展开。那么，什么是元宇宙、数字孪生、虚拟数字人？它们与虚拟现实有怎样的联系？本章将带领读者打开思维，探索更多与虚拟现实相关的技术。

【知识目标】

（1）了解虚拟现实前沿技术。

（2）了解虚拟现实前沿技术与虚拟现实技术的联系。

【能力目标】

（1）准确认知虚拟现实前沿技术，包括元宇宙、数字孪生、虚拟数字人。

（2）了解部分虚拟现实前沿技术的适用情况与使用情况。

【素养目标】

通过对虚拟现实前沿技术的认知，了解元宇宙、数字孪生、虚拟数字人的原理及其应用，理解虚拟现实关键技术发展新趋势。

8.1 元宇宙

8.1.1 元宇宙的起源与发展

元宇宙（Metaverse）一词诞生于美国作家尼尔·斯蒂芬森（Neal Stephenson）所写的科幻小说《雪崩》（*Snow Crash*），如图 8-1 所示。小说这样写道："戴上耳机和目镜，找到连接终端，就能够以虚拟分身的方式进入由计算机模拟、与真实世界平行的虚拟空间……现在，阿弘正朝着'大街'走去。那是元宇宙的百老汇、元宇宙的香榭丽舍大街……这条大街与真实世界唯一的差别就是，它并不真正存在。它只是一份电脑绘图协议……大街，连同这些东西，没有一样被真正赋予物质形态。"该小说描绘了一个庞大的与现实平行的虚拟世界，在那里，人们用数字化身的形式存在，并相互竞争以提高自己的地位，成为他们想成为的人，过着一种完全不同的生活。现在看来，它描述的还是超前的未来世界。

虚拟现实应用导论——认知、技能与职业

图 8-1　尼尔·斯蒂芬森和小说《雪崩》

由此可以看出，现在出现的元宇宙不是一个新的概念，而是一个经典概念的重生。那么究竟什么是元宇宙？元宇宙会给人类带来哪些改变？

1. 元宇宙是什么

元宇宙的概念和内涵引起了学界和业界热议，但是尚未形成较为统一的认识。

关于元宇宙，比较认可的思想源头是美国数学家和计算机专家弗诺·文奇教授在其1981年出版的小说《真名实姓》（*True Names*）中创造性地构思的一个通过脑机接口进入并获得感官体验的虚拟世界。在1992年，尼尔·斯蒂芬森将"Meta"（意为元、超越）和"Universe"的后半部分结合（意为宇宙），组成一个新词"Metaverse"，直译为"元宇宙"。虽然他是创造出"元宇宙"这个名词的人，但是他自己却并没有仔细地剖析过元宇宙自身。不仅如此，虽然很多影视动漫作品很早就开始对元宇宙进行了全面的畅想，譬如知名电影《黑客帝国》《头号玩家》（图8-2）等，但是人们依然觉得元宇宙处于"看不见摸不着"的状态。

随着虚拟现实、增强现实、人工智能、5G等技术水平不断提升，如今的元宇宙概念更像尼尔·斯蒂芬森所提概念的重生。一方面，元宇宙既可以是完全独立于现实的平行宇宙，是映射现实世界的在线虚拟世界，是越来越真实的数字虚拟世界；另一方面，元宇宙也可以是虚拟世界和现实世界的融合和交互，现实世界发生的一切事件都会同步到虚拟世界中，而人们在虚拟世界中的行为和体验也将投射到现实世界中，并对现实世界产生影响。

从技术层面来讲，元宇宙是整合多种新技术而产生的新型虚实相融的互联网应用和社会形态，它基于扩展现实技术提供沉浸式体验，基于数字孪生技术生成现实世界的镜像，基于区块链技术搭建经济体系，将虚拟世界与现实世界在经济系统、社交系统、身份系统上密切融合，并且允许每个用户进行内容生产和世界编辑。在全球互联网渗透已达较高水平的情况

图 8-2 元宇宙概念影视作品
(a)《黑客帝国》；(b)《头号玩家》

下，移动互联网的红利区域瓶颈——元宇宙概念的出现是人们对移动互联网继承者的展望，不少人认为元宇宙可以理解为更具沉浸感、参与感的互联网。图 8-3 所示为互联网的主要发展阶段，而游戏是元宇宙最佳载体。

图 8-3 互联网的主要发展阶段

2. 元宇宙的发展

人类的文明史有多久，人类探讨"宇宙"的历史就有多久。公元前 450 年，古希腊哲人留基伯（Leucippus，约前 500 年—前 440 年）从米利都前往一个叫作阿夫季拉的地方，撰写了一本著作《宇宙学》（The Great Cosmology）。之后，他的弟子德谟克利特（Democritus，约前 460 年—前 370 年）又写了《宇宙小系统》（Little Cosmology）一书。正是他们师生二人，构建了古典原子论和宇宙学的基础。

当人类将自己的价值观念、人文思想、技术工具、经济模式和"宇宙"认知结合在一起的时候，被赋予特定理念的"宇宙"就成了"元宇宙"。在这样的意义上，"元宇宙"经历了三个基本历史阶段，如图 8-4 所示。

(1) 第一阶段：以文学、艺术、宗教为载体的古典形态的"元宇宙"。

在这个历史阶段，西方世界的《圣经》、但丁的《神曲》，甚至达·芬奇的《蒙娜丽莎》、巴赫的宗教音乐，都属于"元宇宙"。其中，但丁的《神曲》包含了对人类历经坎坷

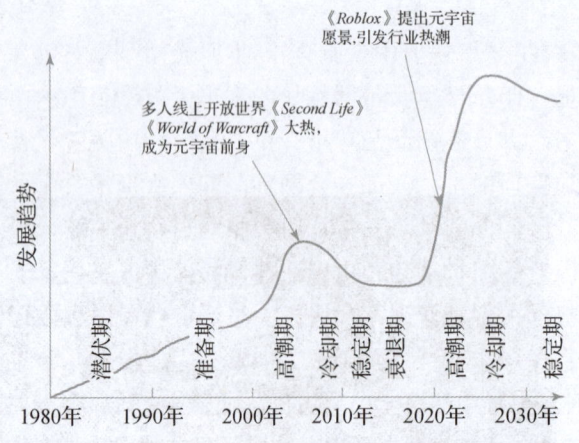

图 8-4 元宇宙发展曲线

的"灵魂寓所"——一个闭环式的至善宇宙的想象。在中国,《易经》《河洛图》《西游记》则是具有东方特色的"元宇宙"代表。

（2）第二阶段：以科幻和电子游戏形态为载体的新古典"元宇宙"。

其中，最经典的作品是 200 年前雪莱夫人的科幻小说《弗兰肯斯坦》（*Frankenstein*）和 1997—2007 年 J. K. 罗琳创作的魔幻小说《哈利·波特》（*Harry Potter*）。1996 年，通过虚拟现实建模语言（VRML）构建的 Cybertown，是新古典"元宇宙"重要的里程碑。最有代表性和震撼性的莫过于 1999 年全球上映的影片《黑客帝国》——一个看似正常的现实世界可能被命名为"矩阵"的计算机人工智能系统所控制。

（3）第三阶段：以"非中心化"游戏为载体的高度智能化形态的"元宇宙"。

2003 年，美国互联网公司 Linden Lab 推出基于 Open 3D 的《第二人生》（*Second Life*），这是标志性事件。之后，2006 年 Roblox 公司发布同时兼容了虚拟世界、休闲游戏和用户自建内容的游戏《Roblox》；2009 年，瑞典 Mojang Studios 开发《我的世界》（*Minecraft*）；2019 年，Facebook 公司宣布 Facebook Horizon 成为社交虚拟现实世界；2020 年借以太坊为平台，支持用户拥有和运营虚拟资产的 Decentraland 上线；2021 年 3 月，Roblox 公司上市；2021 年 10 月，Facebook 宣布将公司名称改为 Meta。以上事件都构成了元宇宙第三阶段的主要历史节点。

从现实来看，游戏所构建的虚拟空间可能是最快通往元宇宙的入口。元宇宙源于游戏，超越游戏，正在进入第三阶段的中后期：一方面，以游戏为主体的元宇宙的基础设施和框架趋于成熟；另一方面，游戏与现实边界开始走向融合，创建者仅是最早的玩家，而不是所有者，规则由社区群众自主决定。

2020 年，在疫情的推助下，游戏与生活的边界正在消弭。例如，美国著名歌手 Travis Scott 在游戏《堡垒之夜》中举办虚拟演唱会，全球 1 230 万游戏玩家成为虚拟演唱会观众（图 8-5）；顶级人工智能学术会议 ACAI 在任天堂游戏《动物森友会》中举行 20 年研讨会，演讲者在游戏中播放 PPT 并发表讲话（图 8-6）。

图 8-5　Travis Scott 在《堡垒之夜》中举办虚拟演唱会

图 8-6　ACAI 在《动物森友会》中举行学术研讨会

8.1.2　元宇宙与虚拟现实

如前所述，元宇宙既是一个平行于现实世界的虚拟数字世界，也是虚拟世界和现实世界的融合和交互。那么元宇宙和虚拟现实有区别吗？它们之间有交集吗？

元宇宙和虚拟现实存在相同点，它们的关系可以说是彼此助力，相辅相成。元宇宙和虚拟现实都有追求沉浸式体验的目标，要想达到元宇宙身临其境的"沉浸感"，需要借助增强现实、虚拟现实乃至扩展现实等可穿戴设备，也就是说，到达元宇宙的方式可能在很大程度上取决于增强现实、虚拟现实等沉浸式技术的发展。同时，元宇宙概念影响的行业众多，但它最直接影响的是虚拟现实行业，虚拟现实行业会因为元宇宙快速且稳定地发展。

当然，元宇宙与虚拟现实也存在区别。虚拟现实用户通过佩戴虚拟现实显示设备进入完全沉浸的世界，与现实世界没有交集。而理想状态下的元宇宙实现现实世界与虚拟世界、人与虚拟世界的融合。脑际接口将彻底打破现实与虚拟之间的壁垒，用户可以使用意念自由控制虚拟身体的各个部位，随心所欲地与虚拟世界进行交互。同时，脑机接口的双向传输功能可以将多种感官的反馈通过脑信号传递给用户，从而使用户获得与现实世界相同的感官体验，实现人与虚拟世界的融合。可以说虚拟现实是元宇宙的技术基础，元宇宙是虚拟现实的最新体现。

此外，元宇宙不局限于虚拟现实技术，不强调用户必须佩戴虚拟现实显示设备，用户也可以通过增强现实设备和任何现有的互联网访问设备来访问元宇宙。

8.1.3 元宇宙的关键技术和实现路径

1. 元宇宙的关键技术

元宇宙包含六大关键技术，分别是区块链技术（Blockchain）、交互技术（Interactivity）、电子游戏技术、人工智能技术、网络与运算技术、物联网技术（Internet of Things），如图8-7所示，人们把这六大技术的英文组合成一个比较有意思的缩写——BIGANT，趣称为"大蚂蚁"。

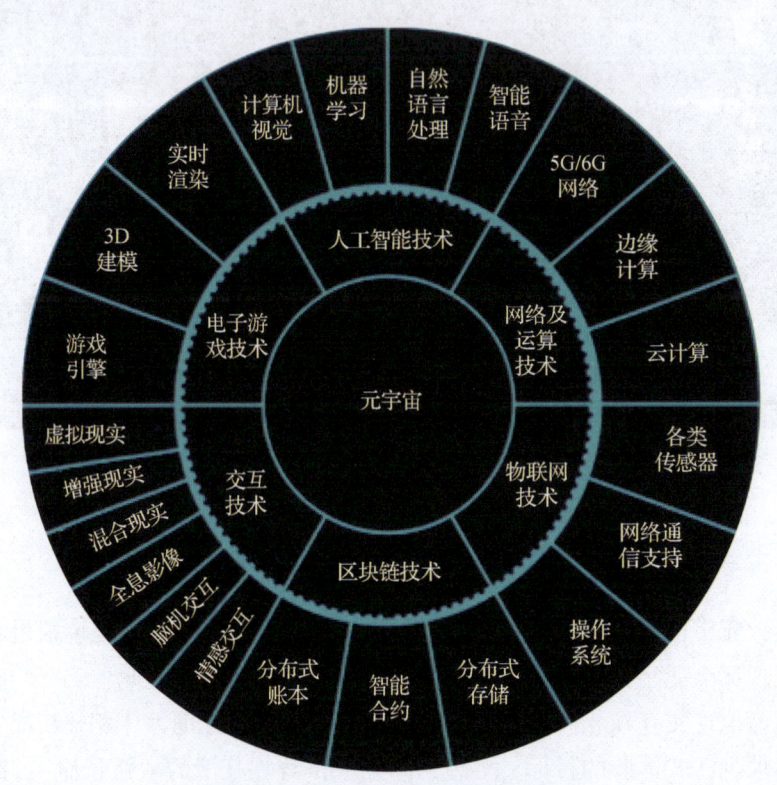

图8-7 元宇宙的关键技术（1）

区块链技术是去中心化、去信任化、不可篡改和抵赖的分布式账本技术。非同质化货币（Non-Fungible Token，NFT）作为目前区块链相关技术中较为成熟的技术，在区块链框架下能够作为代表数字资产的唯一加密货币令牌，将是支撑元宇宙经济体系最重要的基础。元宇宙一定是去中心化的，用户的虚拟资产必须能跨越各个子元宇宙进行流转和交易，才能形成庞大的经济体系。

交互技术是当前制约元宇宙沉浸感的最大瓶颈所在。交互技术利用传感器、音视频、图形界面等方式，大幅强化人、机感知能力，也是为元宇宙用户提供沉浸式虚拟现实体验的阶梯。

电子游戏技术是元宇宙初期形态的最成熟的呈现方式，也是元宇宙初期最重要的变现途径。电子游戏技术既包括游戏引擎相关的 3D 建模和实时渲染，也包括数字孪生相关的 3D 引擎和仿真技术。前者是虚拟世界大开发解放大众生产力的关键性技术，后者是物理世界虚拟化、数字化的关键工具，同样需要把门槛拉低到普通民众都能操作的程度，才能极大地加速真实世界数字化的进程。

人工智能技术的目的是通过算法模型、硬件算力、大数据训练共同构造以与人类智能相似的方式作出反应的智能机器，它是元宇宙中生产力与自主运行最重要的技术支撑，它将是未来承载元宇宙运行的底座。

网络及运算技术可以满足元宇宙对网络高同步低延时的要求，使用户可以获得实时、流畅的完美体验。根据独立第三方网络测试机构 Open Signal 的测试数据，4G LTE 的端到端时延可达 98 ms，满足视频会议、线上课堂等场景的互动需求，但远不能满足元宇宙对低时延的严苛要求。虚拟现实设备一大瓶颈是传输时延造成的眩晕感，其指标为转动头部到转动画面的延迟，5G 带宽与传输速率的提升能有效改善时延并减弱眩晕感。

物联网技术既承担了物理世界数字化的前端采集与处理职能，也承担了元宇宙虚实共生的虚拟世界渗透乃至管理物理世界的职能。只有真正实现了万物互连，元宇宙实现虚实共生才真正成为可能。物联网技术的发展为数字孪生后的虚拟世界提供了实时、精准、持续的鲜活数据供给，使元宇宙虚拟世界中的人们足不出网就可以"明察"物理世界的"秋毫"。

2. 元宇宙的实现路径

元宇宙的实现是一个循序渐进的过程。

1）阶段一：扩展虚拟现实/增强现实应用

随着硬件的更新和底层技术的迭代，一些简单的应用场景会开始出现，如游戏、建模、网上购物等，在这段时间里，元宇宙的概念仅是提升一些现有服务的体验，它只是人们生活中的一小部分而已。

2）阶段二：扩展社交和娱乐

随着技术的发展，越来越多的服务可以应用元宇宙这个概念。这时，它主要给社交和娱乐这两大服务提供更好的体验，例如，用户可以通过虚拟影像的方式与远在异国他乡的亲人聊天，虚拟影像会投影对方的表情、肢体语言，就跟对方坐在你对面一样。另外，沉浸式娱乐将成为主流，除了 3D 游戏外，用户还可以进行其他娱乐活动，例如，用户只要戴上 VR 头盔，就可以实时看到 NBA 球星在面前投篮，就像坐在现场的第一排看球一样。

3）阶段三：虚拟社会自成经济体

当元宇宙技术趋于成熟时，使用的人和参与的企业越来越多，元宇宙很有可能进化成一个虚拟的社会，并自成经济体。这时，元宇宙不再局限于社交和娱乐等基本活动，它几乎可以取代真实世界中的一切。在虚拟世界中会有真正的工作、商业买卖、虚拟的资产和货币，甚至可以出现独立的政府，而这一切又与真实世界互通，届时将会出现新的基于元宇宙社会的应用，也会出现基于元宇宙的职业。

4）阶段四：虚拟和现实融为一体

到了元宇宙的终极形态，虚拟和现实可能已经完全融为一体。这时，人类能在虚拟世界中体验现实世界中所有能够尝试的体验，甚至可以做到在真实世界中做不到的事情。人类是充满想象力的，之前人们的幻想只停留在视觉和听觉这两个维度上，但是在元宇宙的终极形态中，虚拟技术也许可以控制人类的大脑皮层，实现味觉、嗅觉、触觉等感官的模拟，例如用户在家就可以感受到品尝虚拟美食的快感、身处花圃中的芬芳味道或者遨游太空时的失重感等。

8.2 数字孪生

8.2.1 数字孪生的起源与发展

目前的虚拟世界往往以外形为主，将人形数字化，还缺乏内涵。要表现一个人的"神"，就要数字化他（她）的所有生物特性，包括细胞、组织、神经的表现和连接等。数字孪生即在虚拟空间内建立真实事物的动态孪生体。借由传感器，本体的运行状态及外部环境数据均可实时映射到孪生体上。通过数字孪生可以构建细节丰富的拟真环境，营造沉浸式的现场体验。

1. 数字孪生的起源

1991 年，David Gelernter 出版的《镜像世界》（*Mirror Worlds*）中首次提出了数字孪生技术的理念。然而，数字孪生的概念是由密歇根大学的迈克尔·格里夫（Michael Grieves）博士提出的。2003 年，他在讲授产品全生命周期管理课程（Product Lifecycle Management，PLM）时提出此概念，如图 8-8 所示，当时被称作"镜像空间模型"，并将其定义为三维模型，包括实体产品、虚拟产品及二者间的连接。由于当时技术和认知上的局限，数字孪生的概念并没有得到重视。

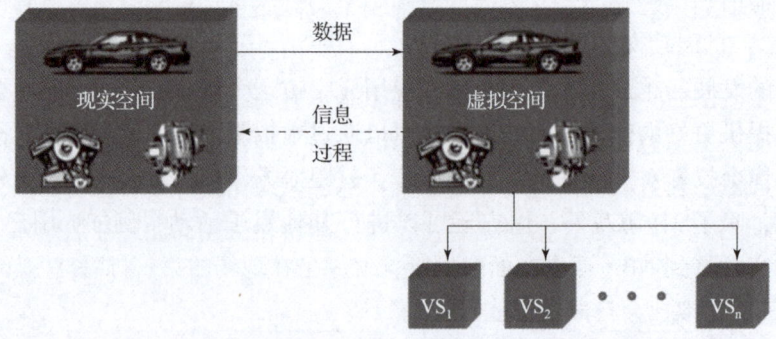

图 8-8　PLM 的概念构想

直到 2011 年，美国空军研究实验室和 NASA 合作提出了构建未来飞行器的数字孪生体，对数字孪生进行了严格的学术定义。它们将数字孪生定义为一种面向飞行器或系统的高度集成的多物理场、多尺度、多概率的仿真模型，能够利用物理模型、传感器数据和历史数据等反映与该模型对应的实体的功能、实时状态及演变趋势等。随后数字孪生才真正引起关注。

近年来，数字孪生得到越来越广泛的传播。同时，得益于物联网、大数据、云计算、人工智能等新一代信息技术的发展，数字孪生的实施已逐渐成为可能。现阶段，除了航空航天领域，数字孪生还被应用于电力、船舶、城市管理、农业、建筑、制造、石油天然气、健康医疗、环境保护等行业，如图8-9所示。特别在智能制造领域，数字孪生被认为是一种实现制造信息世界与物理世界交互融合的有效手段。许多著名企业（如空客、洛克希德马丁、西门子等）与组织（如Gartner、德勤、中国科协智能制造协会）对数字孪生给予了高度重视，并且开始探索基于数字孪生的智能生产新模式。图8-10所示为广东工业大学虚拟现实实验室开发的机器人数字孪生系统。该系统实时采集实体机器人的运动数据，将所采集的数据同步到数字孪生体上，驱动数字孪生体同步运动。

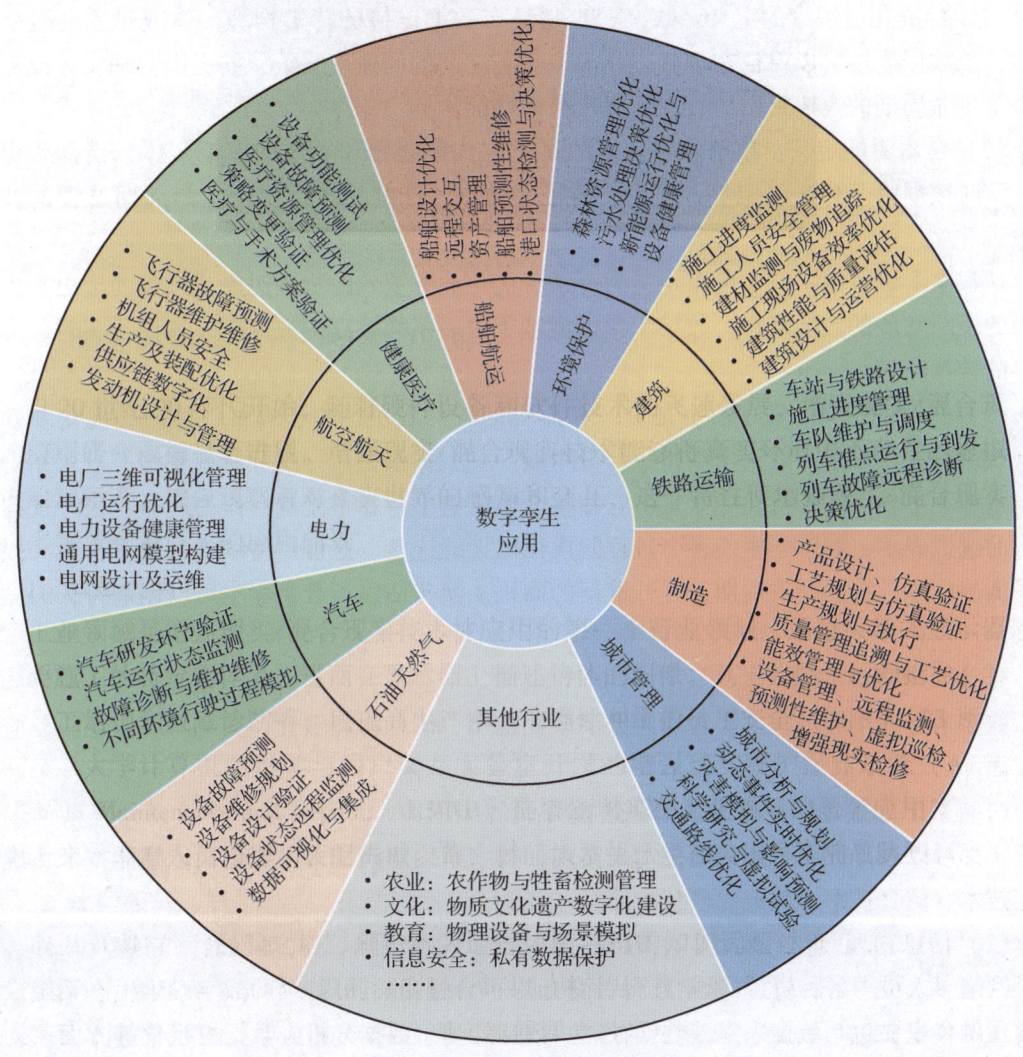

图8-9 数字孪生行业应用

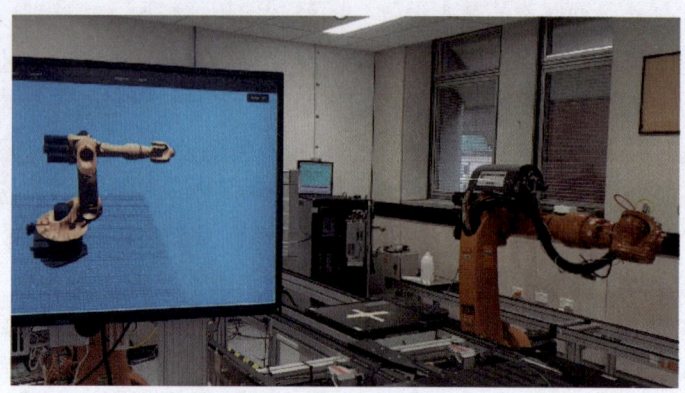

图 8-10 机器人数字孪生系统

2. 数字孪生的定义

（1）标准化组织中的定义：数字孪生是具有数据连接的特定物理实体或过程的数字化表达，该数据连接可以保证物理状态和虚拟状态之间的同速率收敛，并提供物理实体或流程的整个生命周期的集成视图，有助于优化整体性能。

（2）学术界的定义：数字孪生是以数字化方式创建物理实体的虚拟实体，借助历史数据、实时数据以及算法模型等，模拟、验证、预测、控制物理实体全生命周期过程的技术手段。

从根本上讲，数字孪生可以定义为有助于优化业务绩效的物理对象或过程的历史和当前行为的不断发展的数字资料。数字孪生模型基于跨一系列维度的大规模、累积、实时、真实世界的数据测量。

（3）企业的定义：数字孪生是资产和流程的软件表示，用于理解、预测和优化绩效以实现改善的业务成果。数字孪生由三部分组成——数据模型、一组分析或算法，以及知识。

数字孪生早已在各行业中立足，它在整个价值链中革新了流程。作为产品、生产过程或性能的虚拟表示，数学孪生使各个过程阶段得以无缝连接。这可以持续提高效率，最大限度地降低故障率，缩短开发周期，并开辟新的商机。换句话说，数字孪生可以创造持久的竞争优势。

3. 数字孪生的发展

数字孪生的发展过程主要表现为数字孪生建模、信息物理融合、交互与协作及服务应用等方面。

（1）数字孪生建模：数字孪生在建模方面的应用非常广泛，从单个设备到复杂的工业系统，都可以通过数字孪生建模技术来实现。数字孪生建模技术主要包括传感器技术、虚拟现实技术、仿真技术、数据建模技术等。

（2）信息物理融合：数字孪生的另一个重要的领域是信息物理融合。它涉及软件、硬件、网络、人员等各种资源的融合，从而构建一个完整的、可持续的数字孪生生态系统。信息物理融合主要包括数据采集、数据存储、数据处理、数据分析、数据可视化等方面。

（3）交互与协作：数字孪生还需要具备优秀的人机交互和协作能力，以帮助使用者更方便地操作和管理数字孪生系统。在这方面，数字孪生主要关注的是人工智能、自然语言处理、人机交互、协同工具、虚拟现实等技术的应用。

（4）服务应用：数字孪生的最终目的是为用户提供优质的服务。数字孪生可以通过数据分析和模拟来预测设备运行状况、提高生产效率、降低能源消耗等。数字孪生的服务应用主要包括产品设计、制造、维修、故障排除等领域。

综上所述，数字孪生建模、信息物理融合、交互与协作以及服务应用等方面的发展是数字孪生技术不断完善和广泛应用的必要条件。

8.2.2 数字孪生与虚拟现实

数字孪生与虚拟现实的共同点是它们都具有数字化世界，且都具有交互性，但数字孪生更侧重于与现实之间的映射关系，不强调沉浸感与想象性。各种关于数字孪生和虚拟现实关系的文献论述，多强调其概念的区别，以及虚拟现实技术对数字孪生的支撑，而对于数字孪生概念如何影响虚拟现实技术本身的动态发展着眼较少。数字孪生是虚拟现实应用的深化发展，它将实物对象空间与虚拟对象空间连通，实现真实世界与虚拟世界之间的无缝融合和有机融通。

另外，元宇宙与数字孪生是否有关联呢？

虽然元宇宙和数字孪生都会用到虚拟现实技术，但是元宇宙主要用于娱乐，不受现实世界规则的束缚，而数字孪生用于工作，力求和现实世界一模一样。

在技术层面，元宇宙还处于起步阶段，依赖5G甚至6G的普及，依赖虚拟现实技术产品价格的降低，依赖触感设备的发展，还依赖运算能力能够支撑海量的虚拟场景渲染，因此，元宇宙的发展尚不成熟。

相反，数字孪生已经很成熟了。早在20世纪60年代，NASA就开始在阿波罗登月计划中应用数字孪生技术。NASA构建了一套完整的、高水准的地面仿真系统，利用计算机联网模拟指令舱和登月舱，这样可以有效培训宇航员和控制人员进行任务操作（包括在各种故障场景中）。

数字孪生与虚拟现实有很大的关联，这两个概念虽然不相同，但它们的本质都是通过模拟现实环境来达到某种目的。以下是数字孪生与虚拟现实的关联。

（1）技术概念：数字孪生和虚拟现实都属于基于计算机技术的概念，都需要借助传感器、3D建模等技术来实现。

（2）模拟环境：数字孪生和虚拟现实都可以通过模拟环境来达到特定的目的。例如，数字孪生可以用来模拟真实环境中物理或化学反应，而虚拟现实则可以用来模拟各种虚拟场景，如游戏环境、训练场景等。

（3）数据交互：数字孪生和虚拟现实都需要将现实世界中的数据转化为计算机能处理的数据，再通过数据交互来实现交流和协作。

（4）应用领域：数字孪生和虚拟现实的应用领域也有很多共同点。例如，在工业制造领域，数字孪生可以用来模拟工厂生产流程、优化产能，而虚拟现实则可以用来设计、预测产品的效果，进行产品展示等。

综上所述，数字孪生和虚拟现实可以看作互补的技术，它们的应用范围和手段都不同，但在某些方面存在巨大的交集。

8.2.3 数字孪生的关键技术与实现

数字孪生技术的实现依赖于诸多先进技术的发展和应用，其技术体系从基础数据采集到顶层应用依次可以分为数据保障层、建模计算层、数字孪生功能层和沉浸体验层，如图 8-11 所示。

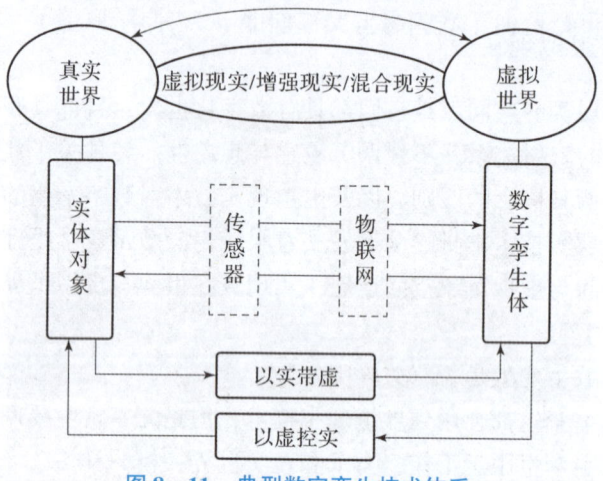

图 8-11 典型数字孪生技术体系

8.3 虚拟数字人技术

专家讲述具身
智能数字人

8.3.1 虚拟数字人的起源与发展

1. 什么是虚拟数字人

虚拟数字人是指由计算机图形学、图形渲染、动作捕捉、深度学习、语音合成等计算机手段创造，具有多重人类特征（人类外貌、人类表演能力、人类交互能力等）的综合产物，如图 8-12 所示。

图 8-12 虚拟数字人示例

虚拟数字人目前在各行业应用广泛。在教育行业，使用虚拟数字人录制课程；在广电行业，使用虚拟数字人进行主持工作；在医疗领域，使用虚拟数字人进行导医服务；在游戏行业，根据个人的语言习惯、操作规则、审美偏好等，定制智能虚拟主播等。

2. 起源

虚拟数字人的起源可以追溯到20世纪50年代，当时计算机科学家和工程师开始研究如何创建能够模拟人类行为和思维的程序。随着计算机技术的不断发展，越来越多的人开始关注虚拟数字人的概念，并将其应用于各种领域，如电影、游戏、教育、医疗等。现在，虚拟数字人已经成为人类社会中不可或缺的一部分，为人们提供了许多便利和娱乐，同时也推动了计算机科学和人工智能等领域的发展。

3. 发展

我国虚拟网红行业发展迅速，bilibili网站上每月约有4 000多个虚拟主播开播。通过构建虚拟员工、虚拟主持人等角色，可以提供7×24小时的服务，减少人工重复录制视频的工作量，提高营业效率，大幅降低整体人力成本。预计到2030年，我国虚拟数字人市场规模将达到2 700亿元，产生广阔的应用空间。

虚拟数字人的发展可以分为以下几个阶段（图8-13）。

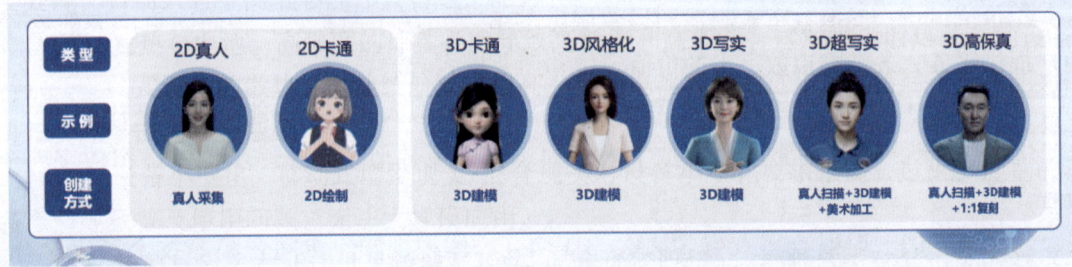

图8-13　虚拟数字人的发展示意

（1）低保真虚拟数字人：最初的虚拟数字人主要是基于2D或简单3D技术创建，通常只有基本的头像和动作，并没有太多的情感表达能力。这些虚拟数字人不够真实，也不够智能。

（2）高保真虚拟数字人：随着计算机图形学、视觉化技术以及计算机处理能力的不断提高，高保真虚拟数字人开始出现。这些虚拟数字人拥有更为真实的外貌、动作、声音和情感表达能力，可以作为虚拟现实、游戏、电影等领域的重要角色。

（3）智能虚拟数字人：智能虚拟数字人是指具有人工智能、自主决策能力和感知能力的虚拟数字人。它们不仅可以像高保真虚拟数字人一样具有真实感，还可以进行智能对话、情感交流和自我学习。智能虚拟数字人具有更广阔的应用场景，如智能客服、虚拟导购、医疗教育等。

（4）虚拟数字人的融合：虚拟数字人向着更加复杂的方向发展，未来虚拟数字人将与物理世界结合，形成数字孪生模式，成为现实世界的重要辅助工具。虚拟数字人还可以与物联网、云计算、区块链等技术结合，共同构建数字经济和智能社会。

总之，虚拟数字人的发展是计算机科学、人工智能、美术设计等多个领域的交叉融合，随着技术的不断进步，虚拟数字人将在人们的日常生活中扮演越来越重要的角色。

根据《虚拟数字人深度产业报告》估计，虚拟数字人产业发展的十大趋势（图8-14）如下。

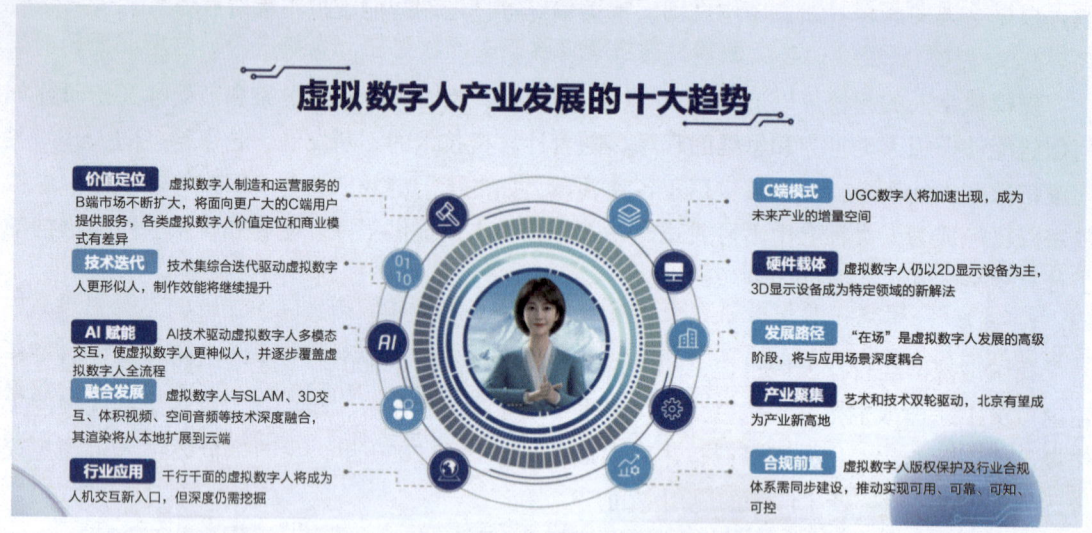

图8-14　虚拟数字人产业发展的十大趋势

①价值定位：虚拟数字人制造和运营服务的B端市场不断扩大，将面向更广大的C端用户提供服务，各类虚拟数字人的价值定位和商业模式有差异。

②技术迭代：技术集综合迭代驱动虚拟数字人更形似人，制作效能将继续提升。

③AI赋能：AI技术驱动虚拟数字人多模态交互更神似人，并逐步覆盖虚拟数字人全流程。

④融合发展：虚拟数字人与SLAM、3D交互、体积视频、空间音频等技术深度融合，其渲染将从本地扩展到云端。

⑤行业应用：千行千面的虚拟数字人将成为人机交互新入口，但深度仍需挖掘。

⑥C端模式：UGC数字人将加速出现，成为未来产业的增量空间。

⑦硬件载体：虚拟数字人仍以2D显示设备为主，3D显示设备成为特定领域的新解法。

⑧发展路径："在场"是虚拟数字人发展的高级阶段，将与应用场景深度耦合。

⑨产业聚集：艺术和技术双轮驱动，北京有望成为产业新高地。

⑩合规前置：虚拟数字人版权保护及行业合规体系需同步建设，推动实现可用、可靠、可知、可控。

4. 虚拟数字人的类型

虚拟数字人可以分为身份型和服务型两种类型，它们的不同在于其应用场景和功能。

1）身份型虚拟数字人

身份型虚拟数字人是一种基于特定个体的数字复制，通常用于个人化娱乐、虚拟社交等领域。举例来说，如果某位名人或者用户想要在虚拟现实中拥有一个数字版本的自己，身份型虚拟数字人就会被用来实现这个需求。身份型虚拟数字人需要准确地模拟人类外貌、性格、语言和其他特征，通常需要做大量的数据采集和处理工作，涉及包括3D建模、计算机视觉、语音合成在内的多项技术。

2）服务型虚拟数字人

服务型虚拟数字人是一种为了特定任务而开发的虚拟助手，通常用于客户服务、售前/售后支持等领域。服务型虚拟数字人具有极高的交互性能，并能根据用户需求提供定制化服务。例如，客服机器人、智能语音助手等都属于服务型虚拟数字人。服务型虚拟数字人依赖于强大的人工智能、自然语言处理和机器学习算法，以及如快速反应、数据分析等技术方面的支持。

总之，身份型虚拟数字人和服务型虚拟数字人都代表了虚拟数字人在不同领域中的应用和创新，它们都需要基于多种技术手段并进行综合应用才能实现。

8.3.2 虚拟数字人与虚拟现实

虚拟数字人和虚拟现实紧密相关，虚拟数字人是构建虚拟现实环境的重要组成部分，而虚拟现实为虚拟数字人提供了广阔的应用空间。

1. 虚拟数字人是虚拟现实环境的重要组成部分。

虚拟现实环境需要包含逼真的3D场景、动态的物理效果、真实的声音和图像等。虚拟数字人可以作为虚拟现实中能够真实交互的对象，优化用户体验。虚拟数字人的逼真程度越高，虚拟现实环境的真实感就越强，使用户的沉浸式体验更加优秀。

2. 虚拟现实为虚拟数字人提供了广阔的应用空间。

虚拟现实技术的发展使虚拟数字人从简单的游戏角色或演员变为越来越智能、越来越多样化的实体。例如，虚拟数字人可以用于教育、培训、医疗等领域，为用户提供更加生动、直观的学习体验，同时缩短了实际学习时间。虚拟数字人还可以应用在娱乐领域，并优化人们的娱乐体验。

3. 虚拟数字人和虚拟现实相互促进发展。

虚拟数字人的广泛应用推动了虚拟现实技术的发展，而虚拟现实技术又不断对虚拟数字人的逼真程度和多样性提出更高的要求。虚拟数字人和虚拟现实将成为数字世界中最重要的组成部分之一，它们互相促进，共同发展。

综上所述，虚拟数字人和虚拟现实是紧密关联的。虚拟现实为虚拟数字人提供了更广阔的应用空间，而虚拟数字人的逼真程度和多样性也推动了虚拟现实的不断发展。

8.3.3 虚拟数字人的关键技术和实现路径

1. 虚拟数字人的关键技术

虚拟数字人作为未来的重要发展方向之一，其关键技术主要包括以下几个方面。

1）3D建模技术：虚拟数字人的外形需要进行建模，通过3D建模技术可以将现实中的物体转化为计算机能够识别的数字信息。这一过程需要借助软件、传感器和扫描仪等多种工具。

2）计算机视觉：虚拟数字人需要与人类进行互动，因此需要具备视觉感知、目标识别和手势控制等功能。计算机视觉技术可以实现虚拟数字人的视觉和动态表情的捕获，并让虚拟数字人能够对人类的行为做出反应。

3）计算机图形学：虚拟数字人在视觉效果上需要具有高度逼真的表现，计算机图形学技术可以实现虚拟数字人的光影效果、材质质感等方面的表现。

4）人工智能：虚拟数字人不仅需要具有高逼真度的外形及表现，还需要具有自主决策、交互和学习的能力，人工智能技术是实现这些功能的核心。

5）虚拟现实技术：虚拟现实技术可以提供高质量的沉浸体验，虚拟数字人可以在虚拟现实环境中进行互动和表现，这使虚拟数字人与现实世界的距离越来越小。

总之，虚拟数字人的发展需要多个领域的交叉融合，如计算机科学、人工智能、美术等，这其中涌现的新技术将不断推动虚拟数字人的发展，并使虚拟数字人被应用到越来越广泛的领域。

2. 虚拟数字人的实现路径

虚拟数字人的实现路径包括以下几个方面。

1）3D 建模和动画技术：虚拟数字人的外形和动作是通过 3D 建模和动画技术来实现的。这包括用传感器捕捉真实人体运动数据，通过计算机算法进行处理和优化，以及渲染制作视觉效果。

2）计算机视觉技术：计算机视觉技术可以帮助虚拟数字人进行面部表情的识别和运动，从而使其更加逼真。这包括面部识别、人体姿态分析、运动捕捉等技术。

3）语音合成技术：虚拟数字人需要具有语音合成能力，这样虚拟数字人才能与人类进行交流。语音合成技术可以将文本转换成声音，并通过语音识别技术实现语音交互。

4）人工智能技术：虚拟数字人需要具有学习和自主决策的能力，这需要依靠人工智能技术。例如，深度学习技术可以让虚拟数字人学习新的动作和表情；强化学习技术可以让虚拟数字人自主做出决策，与人类进行更加智能的交互。

总之，虚拟数字人的实现需要结合多种技术手段，并进行综合应用。这也是虚拟数字人日益成熟和广泛应用的重要原因。

目前虚拟数字人的实现都依托于商业化的游戏引擎，主要是 Unity 和 Unreal，Unreal 在虚拟数字人领域更具有优势。虚拟数字人的实现方案大体有以下四种。

（1）依托 BlendShape，用纯美术人工修型的方式。

（2）依托 Unreal 的 MetaHuman 技术。

（3）依托 4D 扫描 + AI 修复/学习技术。

（4）依托类似肌肉系统的 ziva dynamic。

龙头企业技术总监
降速 AI 时代下
XR 开发详解

【思考与巩固】

（1）说一说在生活中或者资讯中发现的其他虚拟现实前沿技术。

（2）每 3~4 位同学组成小组，合力制作一份虚拟现实前沿技术的调查报告，并以 PPT、视频资料、调查问卷、访谈记录等形式其他同学汇报。

【拓展与实践】

随着生成式人工智能（AIGC）的快速发展，该技术被应用到越来越多的领域。尝试使用 AIGC 技术为中国博物馆设计一个虚拟数字人角色。